问天

谁驱使了气候变化?

钱维宏 著

U0225742

科 学 出 版 社

北 京

内 容 简 介

早在两千多年前，屈原带着对大自然的疑惑写下了《天问》，而庄子把大自然描述为："天地有大美而不言，四时有明法而不议，万物有成理而不说。"古人关注"天地"、"四时"、"万物"的空间、时间的相互关联。大自然的结构、规律和关联是客观存在的。本书的目的是通过"天地之美"，"四时之法"和"万物之理"，认识气候变化，探索驱动原因。

本书试图用来自天文、地质、海洋和气象的科学数据探索"气候变化的真相"。人类燃烧的化石燃料来自地质时期的光、热、水等气候资源的沉淀。气候变化和极端气候事件是科学问题。人类活动排放二氧化碳是环境问题。科学问题是要研究的，环境问题是要治理的。当科学问题和环境问题分不清，又掺和上经济利益时，就容易引来争论不休的政治分歧。

气候永远都在变化，只是在不同时期有不同的变法。其成因要用科学数据来进行理性的分析。人类已经从农耕文明走到了工业文明。工业化的发展带来了种种的环境问题，未来人类需要的是与自然和谐相处的"生态文明"。本书适合所有关心地球环境和人类前途的人士阅读和评判。

图书在版编目(CIP)数据

天问：谁驱使了气候变化？/钱维宏著.—北京：科学出版社，2010
ISBN 978-7-03-029557-6

Ⅰ.天… Ⅱ.钱… Ⅲ.气候变化-普及读物 Ⅳ.P467-49

中国版本图书馆 CIP 数据核字（2010）第 225016 号

责任编辑：李晓华 马云川 / 责任校对：钟 洋
责任印制：徐晓晨 / 封面设计：无极书装

科学出版社 出版
北京东黄城根北街 16 号
邮政编码：100717
http://www.sciencep.com

北京廖诚则铭印刷科技有限公司 印刷
科学出版社发行 各地新华书店经销

*

2011年1月第 一 版 开本：B5（720×1000）
2021年1月第四次印刷 印张：13 3/4
字数：257 000
定价：**58.00元**
（如有印装质量问题，我社负责调换）

天

　　认识自然世界最难的是明辨"空间"和"时间"及其关系的哲理。宇宙空间是无限的。三维空间中介质的疏密及其运动构成了变化中的物质结构。时间具有方向性。未来的时间中有创造和进化，也有混沌。过去的已成为历史，未来还是未知的，需要预测。物质随时间在空间中的变化给我们的宇宙带来了活力。换言之，空间中没有物质及其运动，则时间是没有意义的。物质的运动在宇宙的不同部分千变万化，那些随时间演变的空间花样及其与周边环境的关联是值得研究的学问。

　　物质在单位时间内移动的距离称为速度，在单位时间内旋转的角度称为角速度。速度和角速度慢得需要高尖端的仪器才能测量，快得也需要高尖端的仪器才能测量，可还是测不准。人所感知的速度是物与物之间的相对速度。由于宇宙中嵌套了多重旋转，确切地说，所有的速度都是物质在其位置上的切向速度。速度的不同是区别物与物差异的一种标志。物质速度的改变需要力的作用，而力的根

源是能量。

宇宙中的一切物质运动都可以看作有生命，大可从一个星系的诞生到消失，小可从一种动植物的诞生到死亡。生命的演变具有相对的速度和绝对的加速度，它们构成了生命的多样性。生命所具有的不同速度和加速度也就形成了物质在空间上随时间演变的"扩张"与"收缩"。物质密度"扩张"和"收缩"随时间的形态变化就是波动。世界正是由"物质"和"波动"组成的。

宇宙有多大，它仅仅是人们心目中的空间。小者，人们曾把太阳系看作宇宙。大者，人们曾把银河系看作宇宙。如此的宇宙角落是冷酷的，而它的核心是熔融的。唯有地球把熔融埋在心底，把冷酷抛向远方，能用她温暖的胸怀孕育着依赖于水的生命。人作为地球生命之一，对气候的感知是春暖、夏热、秋寒、冬冷，这是大气接受太阳辐射后随时间的变化，而调和冷热巨变的正是水汽。

地球的历史离不开太阳系的形成。太阳系的形成有很多的天文学说和宇宙学说。地球上山山水水的形成和分布也有很多的地质学说。但没有一个天文（宇宙）学说可以延续到其中的一个地质学说，也没有一个地质学说可以回溯到天文学说。天与地的关系，早让古人疑惑万端。公元前340年～前278年，屈原就发出对自然的《天问》，他不但问天、问地，还问人。与此同时代，西方古希腊哲学家亚里士多德在公元前340年也有著书《论天》。它实际上是一本最早的自然教科书，涵盖了天文学、地理学、地质学和气象学等内容。长期以来东西方的这些科学哲学先驱都在试图认识自然。

"气候变化的真相"由谁来说？它应该由地质演化的历史事实来说，它应该由历史时期的环境变化事实来说，它应该由观测的科学数据来说。"天气和气候的混淆，极端气候事件和气候变化的混淆，越来越多描述着地球在烈焰中的图画并没有表达出气候变化的真正原因。"气候变化的真相，不但是气候学家关注的科学问题，也是全人类关注的发展问题，现在又衍生为与经济有关的政治问题。

2010年5月27日是周恩来总理与竺可桢先生谈论"世界气候变迁"科普读物37周年纪念日。这天晚上，北京大学团委邀请作者作了一场题为《气候变化的真相》的科普报告，这一天也是本书初稿素材收集完成的日子。

本书共分七章。第一章罗列了当前气候变化的不同观点，包括变暖论、变冷论、怀疑论，以及学术界和社会上正在开展的大辩论。第二章对天文（宇宙）学、物理学和地质学的相关问题进行了简要的探讨，也是气象气候学的基础。第三章给出了地球的变化史,人类的发展史和气候的循环史。第四章讲述了地球系统中各部分之间的关系,特别是过去若干年来碳排放量与全球气温变化的关系,这种关系不能完全证明当前流行的人类活动排放导致全球变暖的观点。第五章是气候预测的理念,只有把科学的世界观和方法论结合起来,才能做出有物理意义的气候预测。第六章论述了气候变化与地球上四大类极端气候事件之间的关系。第七章"问路在何方"探讨了人类应走生态文明的社会发展道路。后面有三个附录。附录 A 和 B 是近半年来,媒体对作者的报刊采访和电视采访。附录 C 是第五章"凡事预则立"中用到的公式。

本书是一本气候变化的科普读物,也可供气候变化研究人员和研究生参考。有位先生在他的"博客"中说,看了央视对作者《面对面》节目采访后的那夜,他摆脱了对"世界末日"的担忧,睡了一个舒心觉。我衷心祝愿这位先生,在读了这本书后会更轻松。

本书的写作从 2010 年的"五一"假期开始,一个月内完成了初稿。其中一些内容的基础来自作者 1994 年出版的《行星地球动力学引论》,一些内容来自作者 2004 年出版的《天气学》,还有 2009 年出版的《全球气候系统》。近期,作者在气候变化和极端气候事件方面带研究生们做了点研究,本书中的部分图表来自于这些工作。

这几个月来,作者和媒体之间有过不少的接触。这些交流都罗列在了附录中。其实,面对媒体,就是面对社会,通过这些交流可以学习很多的知识,也了解到社会的需求。当然,作者也得到了方方面面的帮助。央视经济频道的李曼为记者给本书取名《谁驱使了气候变化?》。这次写书是作者理顺思路的过程,也是一次系统性的科研过程。

从天到地,五花八门,作者一吐为快。有人说,这是一个"顶天立地"的故事,中间还夹杂着流水潺潺和狂风咆哮。既然是故事,书也就没有按照学术论文的形式写作。这些声音和故事很多来自中午在北京大学"教授餐厅"的记忆回放。一帮"顶天立地"的教授围坐在一起,用餐聊天、天南地北、日月星辰、冷暖交替、日积月累,听在耳里,记在心中,现在终于落在了纸上。由于写作的时间仓促和对自然的理解有限,书中表达的很多思想多为猜测,缺乏检验,不妥之处一定不少,敬请读者提出修正建议和批评意见。

钱维宏

2010 年 5 月 27 日于北京大学逸夫馆

目录

前言

第一章
气候大辩论

　　关于全球气候变化趋势的争论，从 20 世纪 70 年代初就开始了。那时候人们担心全球气候是否会继续变冷，而现在争论的焦点是全球气候是否会继续变暖。实际上，这些争论仍然受控于自然变化。自然变化的转折也就形成了争论焦点的转折。不管争论中是"东风压倒西风"，还是"西风压倒东风"，也不管主流观点的"三十年河东，三十年河西"，变来变去都是源于人们对自然规律的认识不够。在气候预测还缺乏足够的物理基础情况下，预测沿着过去和眼前的趋势外推，往往会推过了头。对未来的气候预测正确与否，有待时间的检验。我们只有学习、研究和认识气候变化的历史，才能明辨未来的气候变化趋势，平息现有的争议。

第一节　跨世纪的气候变化争论

20世纪六七十年代，我们的地球正经历着一轮降温的洗礼。当时，国际上有一种观点认为：全球正面临着一次小冰期的到来，气温将持续下降。在这期间，科技论文持有三种不同的观点：一是变冷，二是变暖，三是不变或不确定。从1978年开始，认为全球变冷的文章就几乎销声匿迹，持全球变暖观点的文章逐年增多。

20世纪70年代初出现的气候"变冷说"一度成为主流。在极地和高山上，冰原是由一层层降雪堆积挤压形成的，其中也夹杂着不同时期的小气泡和沙尘等。人们在冰原上从表层向下层钻取冰芯，对其中含有的气体成分（浓度）和沙尘等进行精密分析。由此冰川气候学家可以获得冰原形成的年份和这一地区过去气候变化的信息。1971年丹斯加德等分析了格陵兰冰芯氧同位素谱，认为地球气候有10万年的周期变化，其中9万年为冷期，1万年为暖期。日本气象厅气候学家朝仓正1973年撰文预言，地球将于21世纪进入"全球变冷"时期。美国威斯康星大学环境研究所布莱森还认为，地球当时正在非常缓慢地进入另一个大冰河期。同样在20世纪70年代，在美国布朗大学召开的"当前的间冰期何时结束与如何结束"研讨会上，一些学者借实例指出，地球气温已经开始下降。他们认为从暖到冷的转变不需500年，如果人类不加以干涉，暖期将会很快结束，全球变冷以及相应的环境变迁也会随之而来。会议的两位发起者甚至还向当时的美国总统尼克松写信提出警告。这种"冰期将临"的观点一直持续了20年，当时的社会主流还要发起阻止气候继续变冷的行动。有此先例，时隔30年，人们又提出要发起减缓气候变暖的行动，虽然目标相悖，但也不那么出乎意料。

在"变冷说"为主流的时候，除了"不变说"外，还以大气热污染为依据的"变暖说"，其理论是现在气候变暖主流论的前身。并有观点认为，当时的冷已经到达一个低谷，预示着接下来地球将要开始变暖。现在看来，这是一个成功而有远见的预测，而不是人云亦云。

也在20世纪70年代初，我国气象学家竺可桢先生，用中国历史上的气候变化事实驳斥了当时盛行的"全球变冷"说。他指出，温度出现 1 摄氏度上下的变动在过去 5000 年中极为普通，算不上地球变冷的证据。他还用红笔在这段话前面写下"杞人忧天"四个字为标题，显示了科学大师高屋建瓴的自信和过人一等的见识。1973 年 5 月 27 日，周恩来总理在人民大会堂西大厅接见美国科学家代表团，竺可桢也应邀参加。当时，竺可桢刚刚发表了《中国近五千年来气候变迁的初步研究》的论文。周总理看了他的文章，告诉他"你还可以对世界气候变迁作些通俗的解释。"临别时，周总理又对他说："现在到 21 世纪还有四分之一时间，……，你还有 17 年才 100 岁，……，你还可以写出不少书来。"竺可桢深受感动，向周总理含笑致意。

竺可桢先生在 1974 年离开人世。如他所言，1 摄氏度上下的气温变动不足以证明气候变化的趋势。全球气温没有再继续下降，相反从 1976 年开始，全球出现一轮轮气温变暖的波动。科学无涯，而人的生命有限，竺可桢先生虽未及写出"世界气候变迁"的传世之作，但对气候变化的通俗解释却一直为民需要。

20 世纪 70 年代之后，人类活动带来了一连串的环境问题。正如非政府间国际气候变化专门委员会（Nongovernmental International Panel on Climate Change，NIPCC）指出的，化学制剂造成癌症流行，农药在消灭害虫的同时也使鸟类及其他物种灭亡，超音速飞机尾气与氟利昂的使用破坏了臭氧层，化工厂排出气体形成酸雨，使森林退化和枯萎，最后全球变暖成为一切灾难之渊薮。1986 年 7 月联合国环境规划署（United Nations Environment Program，UNEP）及世界气象组织（World Meteorological Organization，WMO）建立了联合国政府间气候变化专门委员会（Intergovernmental Panel on Climate Change，IPCC），作为联合国下属的一个气候变化评估机构。该机构的工作目标是，每过几年评估一次气候变化的现状和趋势。IPCC 的主要工作成果有：评估报告、特别报告、方法报告和技术报告。每份评估报告都有决策者摘要，内容包含对当时气候变化主题的最新认识，并以非专业人士易于理解的方式编写。评估报告的目标是要提供有关气候变化现状、成因、可能产生的影响及有关对策的全面的科学、技术和社会经济信息。IPCC 报告大大推动了气候变化研究和极端气候事件研究的进展，促进了各国从事气候变化研究的科学家们之间信息与研究方法的交流，提高了人们对气候预测的认识水平。

IPCC《第一次评估报告》于 1990 年发表，报告确定了有关气候变化问题的科学基础。它促使联合国大会制定出《联合国气候变化框架公约》（UNFCCC），该公约于 1994 年 3 月生效。《第二次评估报告》发表于 1995年，被提交给"框架公约"第二次缔约方大会。《第三次评估报告》在 2001 年发表，包括 IPCC 下属三个工作组的有关"自然科学基础"、"影响、适应性和脆弱性"和"减缓气候变化"的报告以及侧重于各种与政策有关的科学与技术问题的综合报告。1995 年和 2001 年的两份评估报告意义重大，分别为 1997 年《京都议定书》的通过以及 2005 年《京都议定书》的生效奠定了基础。

《第四次评估报告》于 2007 年完成并发表。正是 IPCC 的多次报告和多方努力，才促成了《京都议定书》的通过和生效、"巴厘路线图"的形成和 2009 年 12 月 7～18 日哥本哈根气候谈判大会的召开。在人类活动导致全球气候变暖的共识下，各国政府制定了大气二氧化碳浓度的减排目标和具体的行动方案。相比而言，在 20 世纪 70 年代，主流社会没有能够形成全球降温的共识，各国政府也没有制定减缓继续降温的行动方案，温度又自然地升上来了。

2009 年年底的哥本哈根气候变化国际谈判的硝烟还没有散去，2010年年底墨西哥坎昆气候变化谈判的迷雾已开始弥漫。未来气候变化将何去何从？谁主宰着气候变化？这是全人类关注的问题。

第二节 三足鼎立论气候

对气候变化，科学界有三种观点：变暖论、降温论和怀疑论。现在观点之间的争论已经进入了一个大论战的阶段。

一、变暖论

20 世纪末以前，人们对气候变化成因的认识还模棱两可，大部分人认为主要是自然因素，人类活动对气候变化影响很小，甚至微乎其微。第一次 IPCC 报告却提出"持续的人为温室气体排放在大气中的积累将导致

4

气候变化"。报告认为观测到的温度变化与温室效应的模拟大体一致，并断言二氧化碳倍增的"气候敏感度"为 1.5～4.5 摄氏度。

IPCC 第二次评估报告则认为："有证据表明人类对全球气候的影响是看得见的"，人类对全球气候影响的可信度达到 60%。

IPCC 第三次评估报告强调：有新的有力证据表明人类活动使全球变暖。其中，一个证据来自所谓的"曲棍球杆"气温变化曲线。这条曲线显示：20 世纪是过去 1000 年来最暖的百年，20 世纪的最后 10 年是这百年中最暖的 10 年，1998 年是过去百年中最暖的一年，于是出现了"千年极热"。

IPCC 第四次评估报告不再引用"曲棍球杆"气温曲线，而是引用了近百年来的全球观测气温曲线。报告指出，观测到的 20 世纪中叶以来大部分的全球平均温度的升高很可能是由于观测到的人为温室气体浓度增加所导致的。

1998 年以来，时间已经过去了 10 多年，也经历了第三次和第四次 IPCC 评估报告，气候模型预估未来百年变暖趋势也已家喻户晓。但全球气温并没有超过最暖的 1998 年，气温也没有按照预估的趋势攀升。变暖论仍然有待时间和事实的检验。

二、变冷论

变冷论的代表之一是来自天文学的"太阳辐射变冷说"。俄罗斯科学院天文台宇宙研究实验室主任哈比布尔洛·阿布杜萨马托夫教授宣称，目前太阳辐射已进入"冷却周期"，地球气候将因此受到严重影响并发生剧烈变化。他认为，太阳辐射强度正在缓慢下降，预计将在 2041 年达到最低值。在此过程中，地球气候将重新进入寒冷期。2055～2060 年全球进入低温期，前后持续 60 年。

变冷论的代表之二是来自地球物理学的"深海巨震变冷说"。此变冷说认为，海洋及其周边地区的强震产生海啸，可使海洋深处冷水迁升（上翻）到海面，使水面降温，冷水能够吸收较多的二氧化碳，减弱温室效应从而使地球降温。这个过程可持续 20 年。海洋地震经常发生，这个观点成立与否，可以通过大气二氧化碳浓度是否下降来检验。

另外，有假说认为全球将进入"冰川时代"。2004 年 2 月，一份来自

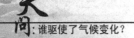

美国国防部的报告称，在 2010～2020 年，全球将出现一场巨大的气候突变，这场气候巨变会导致美洲、亚洲在内的北方地区出现干冷气候，亚洲的季风气候会减弱。报告里还描述：到 2020 年，欧洲沿海城市将被上升的海水淹没，英国将变得像西伯利亚一样寒冷干燥。实际上，这几年上述地区的气候不是变得干冷，而是湿冷。亚洲季风的减弱，是因为处于60～70 年周期变化的低谷。未来亚洲季风会向增强的趋向发展。

"冰川时代"说基于大西洋暖输送带停止的假设。在全球变暖的情况下，北大西洋的海水温度上升，大量海冰融化使该海域的海水盐分浓度降低。由于海水变轻，北大西洋的海水不再能下沉，于是原有暖水输送过程遭到破坏，极有可能使近万年前的"新仙女木事件"重演，全球进入极冷期，带来灾难性的气候突变。影片《后天》中描绘的就是这种假设。

三、怀疑论

针对 IPCC 第三次报告，人们最多的怀疑来自千年气温的"曲棍球杆"曲线。1998～1999 年，美国气候学家曼（M. E. Mann）等建立了一条近千年北半球平均温度曲线。这条曲线在 2001 年被 IPCC 第三次评估报告引用，成为气候变化的核心内容。按照这条曲线，从公元 1000～2000 年温度先是缓慢直线下降到大约 1900 年，一共只下降了 0.2～0.3 摄氏度，然后突然迅速上升，在大约一个世纪的时间内上升了将近 1 摄氏度。随后，一些研究者对这条曲线提出了异议，并形象地称之为"曲棍球杆"。争议主要集中在过去千年中的前 900 年温度是否是近似于直线下降，还是波动式的变化，形如"湿面条"。气候界一般认为在公元 900～1200 年温度偏高，称为中世纪暖期；公元 1550～1850 年的温度偏低，称为小冰期。小冰期不乏"千年极寒"的事件。因此，争论的焦点就是究竟有没有中世纪暖期和小冰期的气温对比。后来曼等又多次写文章，坚持自己的观点，并把他们的曲线向前延伸到公元 200 年。

但是，2008 年和 2009 年年底曼等又在美国权威刊物《科学》上发表论文，基本推翻了过去的"曲棍球杆"曲线。新建立的曲线显示（图 1-1），在公元 1100 年以前温度显著高于公元 1450～1800 年，大约相差 0.5 摄氏度。曼等把前者称为中世纪气候异常，后者则依照别人的意见称为小冰期。

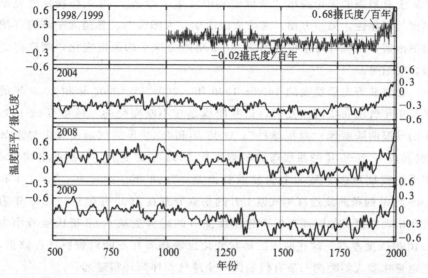

图 1-1　曼等①~⑤在 1998 年、1999 年、2004 年、2008 年和 2009 年分别发表的
北半球和全球温度相对 1951~1980 年气候的距平序列，其中 1999 年的序列在 1000~
1904 年以每百年 0.02 摄氏度的速率下降，1904 年以来以每百年 0.68 摄氏度的趋势上升

　　"曲棍球杆"凸显了 20 世纪的气候变暖是前所未有的，有可能与工业革命以来的人类活动联系起来。新的曲线表明 1850 年的工业化之前，温度也有较大幅度的波动，这应当是自然因素导致。按照 IPCC 第三次评估报告估算，1999~2008 年全球应该增温 0.2 摄氏度以上，但在 2009 年 8 月美国气象学会发布的专题会刊"2008 年气候状况"中有文章指出 1999~2008 年全球平均温度仅上升了 0.07 摄氏度。剔除赤道太平洋厄尔尼诺增温的影响，这 10 年的气温变化趋势为零。可是，这 10 年大气温室

　　① Mann M E, et al. Global-scale temperature patterns and climate forcing over the past six centuries, Nature, 1998, 392：779-787

　　② Mann M E, et al. Northern hemisphere temperatures during the past millennium：inferences, uncertainties, and limitations, Geophys. Res. Lett, 1999, 26：759-762

　　③ Jones P D, Mann M E. Climate over past millennia. Rev. Geophys. , 2004, 42, RG2002

　　④ Mann M E, et al. Proxy-based reconstructions of hemispheric and global surface temperature variations over the past two millennia, Proc. Nat. Acad. Sci. , 2008, 105：12 257-13 252

　　⑤ Mann M E, et al. Global signatures and dynamical origins of the little lce age and medieval climate anomaly, Science, 2009, 326：1256-1260

气体浓度在继续增加，是 20 世纪最后 10 年的 1.3 倍。于是在美国《科学》上有最新的评论提出"全球变暖中发生了什么？"有人怀疑那些复杂模型的可靠性。另一方面，考虑火山活动、太阳辐射、赤道太平洋海洋增温等因素，用统计方法拟合过去 30 多年的全球平均温度变化，则取得了很好的结果。

比较曼等先后发表的 1998～1999 年、2004 年、2008 年和 2009 年的四条千年气温曲线可以发现，这些曲线是在不断变化的。1998 年或 1999 年的气温曲线就像"曲棍球杆"，2008 年和 2009 年的气温曲线走势形如"湿面条"。2009 年的曲线弯曲的幅度比 2008 年的更大，特别在早期 500 年世纪暖期更强。另一个明显的特点是，1999 年、2004 年、2008 年和 2009 年的四条曲线近百年气温上升的拐点分别在 1900 年附近，1850 年附近和出现在更早的时间，近百年温度上升的趋势也从 0.68 摄氏度减小为 0.40 摄氏度左右。这些曲线的形状变化反映作者在不断对资料进行修正，这也意味着人们距离一条有代表性的全球气温序列还很遥远。

在第四次 IPCC 报告发布后，气候变化怀疑论的声音变得空前巨大，甚至爆出了一系列与气候变化有关的"门"事件。

影响最大的是"气候门"事件。在 2009 年 12 月 7～18 日召开的"联合国世界气候大会"之前爆出了"气候门"事件。有黑客进入英国东英吉利大学气候研究部门（Climatic Research Unit，CRU）网站窃取了大量邮件，从中发现与曼联手捍卫"曲棍球杆"曲线的该部门主任琼斯有修改近年气候数据的嫌疑。这个研究部门几十年来致力于收集全球温度观测资料。从被窃取的邮件材料得知，琼斯等多年来人为地修改气候变暖数据，夸大了全球气候变暖的影响。一时间，"气候门"事件震惊整个气候学界，也让媒体和公众哗然。

夸大气候变化的是"冰川门"事件。2010 年 2 月 26 日，联合国环境规划署发言人尼克·纳托尔表示，IPCC 由于工作不严谨，遭到独立委员会的调查。IPCC 在 2007 年发表的气候变化评估报告中，将喜马拉雅冰川预计在"2350 年"完全消融误写成"2035 年"，被称为"冰川门"。在这种情况下，气候变化怀疑论大肆宣扬"冰川门"等气候变暖是"编造的事实"。

除了这两个事件外，2010 年的前两个月，国外的一些媒体还报道了 IPCC 在第四次评估报告中的"极端气候灾害文献引用不当"，南美洲"亚马孙地区热带雨林气候敏感"事件中的地点和内容错误，"荷兰低于海平面面积"事件中的55％和26％数字错误，等等。

美国麻省理工学院气候专家林森声称，科学界对地球是否变暖并没有统一的看法。他批评说，全球变暖已经成为一种新的宗教，信仰者根本听不进不同意见。持同类观点的科学家认为，地球气候本身就存在周期性的变化。17世纪，地球经历了一次小冰期。19世纪末以来地球温度的上升不过是这次小冰期的结束。一些科学家指出，造成地球变暖的因素很多，包括太阳的活动甚至宇宙射线的变化，等等。甚至有人批评说："全球正在变暖的说法，是听过的最愚蠢的问题！"也有科学家持中立态度，认为："科学家中的怀疑论者，能使另一方的研究更严谨，更理性。"

加拿大气候学博士蒂莫西将自己的疑问写成《全球暖化：有硬数据支持吗》一文，他说："有人提到地球平均气温上升会'超出地球恒温的安全警戒线'，有地球恒温这样的东西吗？难道他没有听说过冰期吗？在20世纪70年代，热门话题是全球冷化，现在是全球暖化，低几度和高几度都会有灾难，难道目前地球的温度就是最理想的？"

越来越多的人开始怀疑全球变暖的观点，尤其是当近5年全球的平均气温出现了下降的迹象时，大众舆论也出现转向的迹象。一方面表现为"气候变暖怀疑论"，另一方面表现为"气候变化怀疑论"，并质疑IPCC的客观公正性。"气候变暖怀疑论"认为，全球温度仍是总体上升，但在其中会出现一个变冷的短暂过程，称为"小的冰期"。IPCC报告撰写人德国Kiel大学教授M. Latif认为，目前地球在经历一个长达30年的变冷过程，30年后，地球气温则将反弹上升。还有人认为全球气候就是在不断变冷，俄罗斯科学家阿布杜萨马托夫就认为气温在2055年前后达到最低值，全球大部分河道将结冰，船只无法航行。

"气候变化怀疑论"质疑IPCC的客观公正性。法国前教育部部长、气候问题专家亨利·阿莱格宣称，"科学不是由多数投票决定的，而是由事实来确认"。

在IPCC第四次评估报告发布后不久，一个非政府间国际气候变化专门委员会（NIPCC）宣告成立。NIPCC是一个西方民间组织，很多人是退休了的教授和研究专家。NIPCC报告的主编就是前美国国家大气海洋顾问委员会副主席辛格（S. F. Singe）。2008年，辛格的科普之作《全球变暖——毫无来由的恐慌》已由上海科学技术文献出版社翻译出版。有24位科学家编写的NIPCC报告是对气候变化进行独立于IPCC的评估。

2008 年 4 月美国哈特兰德研究所出版了一份报告，题为《自然而不是人类活动控制着气候》(Nature, Not Human Activity, Rules the Climate)。报告认为气候变暖不是人类活动，而是太阳活动造成的。报告强调太阳风是太阳活动影响地球气候的机制。NIPCC 报告提出了八个问题：①现代气候变暖在多大程度上是人类活动引起的？②现代变暖是自然原因造成的；③气候预测模型不可信；④海平面上升不可能加速，而 IPCC 四次评估中先后给出的海平面上升值为 367 厘米，124 厘米，77 厘米，59 厘米；⑤人类活动产生的温室气体会加热海洋吗？⑥对大气二氧化碳了解多少？⑦人类排放二氧化碳的影响是温和的；⑧中等变暖对经济的影响可能是正面的。总之，NIPCC 报告引用了大量 IPCC 报告没有引用的公开论文，得到了不同的评估结果。

四、大辩论

怀疑论者提出的上述种种事件和言论，冲击了 IPCC 的公正性和威望。对此，有关国际科学组织先后发表了声明和立场。

国际科学理事会 (International Council for Science，ICSU) 2010 年 2 月 23 日发表了关于目前《IPCC 第四次评估报告》争论的声明。声明指出：《IPCC 第四次评估报告》拥有 130 多个国家的 450 多位主要作者、800 多位撰稿人和 2500 多位评审人员，代表着前所未有的、最全面的国际科学评估，反映了当前有关气候系统、气候变化及其未来发展预测的知识集成。目前，这份报告的部分内容确实存在一些差错，但这些差错远未达到令人吃惊的程度。声明还指出：IPCC 报告对社会选择和政策有着广泛而深刻的影响，应从当前的争论中吸取教训。重要的是要继续努力，使这些评估的程序尽可能透明并有人具体负责。在 IPCC 报告中发现差错虽令人遗憾，但在 IPCC 评估程序复杂的大背景下是可以理解的。这些差错试图怀疑报告的主要结论，指责有科学阴谋并对科学家进行人身攻击则是令人无法接受的。科学评估为决策提供了至关重要的依据，这将有助于塑造我们现在和未来的社会。我们应当感激成千上万名科学家无偿奉献出他们自己的时间，为 IPCC 和其他科学评估报告作出的贡献。

国际地圈生物圈计划 (International Geosphere-Biosphere Program，IGBP) 2010 年 5 月 3 日发表支持 IPCC 的声明。声明称：IGBP 接受

IPCC 第一工作组报告所得出的总体结论，毫无保留地接受 IPCC 第二工作组报告中的有关结论。声明指出：IPCC 评估气候变化及其原因、影响和应对的程序是可靠和没有偏见的。对报告中出现的一些小差错，声明认为：这些差错绝对不会减损第二工作组报告中的各项实质性发现。

法国国家科学院院士克洛德·阿莱格尔最近出版了一本名为《气候的骗局或是虚假的生态》的书，抛出了气候变化是个"伪命题"的观点，认为全世界都在为一个"缺乏依据的谎言"而奔走。此书的出版引起一些人的强烈不满。他们认为气候变化毋庸置疑，阿莱格尔的论断纯属无中生有，并要求法国高教与科研部长对此作出回应，还主流学者以"清白"。2010 年 4 月 1 日，法国科研机构的 400 多名气候专家发出公开信，驳斥克洛德·阿莱格尔等学者的气候变化"伪命题论"。

美国《科学》2010 年 5 月 7 日刊登 255 名美国科学院院士关于"气候变化与科学公正性"的公开信。公开信全文如下[①]：

最近一段时间以来对全体科学家、特别是气候科学家的政治攻击愈演愈烈，这让我们深感不安。所有公民都应了解一些基本科学事实。科学结论总会有某些不确定性；科学永远不绝对地证明任何事情。当有人说社会应该等到科学家能绝对肯定时再采取行动，这等于说社会永远不该采取行动。就像气候变化这种可能造成大灾难的问题而言，不采取行动就是让我们的星球冒险。

科学结论是从对基本定律的理解推导而来，并得到实验室实验、自然界观测以及数学建模和计算机模拟的支持。像所有的人一样，科学家也会犯错误，但是科学过程的目的正是发现并改正错误。这一过程本质上具有对立性——科学家建立声誉并获得认可，这不仅仅是由于他们支持传统的学识，更是由于他们证明了原先的某个科学共识是错误的，并证明有更好的解释。伽利略、巴斯德、达尔文和爱因斯坦曾就是这样做的。但是当某些结论已经经过透彻和深入的检验、质疑和检查，这些结论则享有"充分确立的理论"的地位，常常被称为"事实"。

例如，有确凿的科学证据表明我们的星球的年龄大约是 45 亿年（地球起源理论）；我们的宇宙是在大约 140 亿年前的一次事件中诞生的（大爆炸理论）；今天的生物都是从生活在过去的生物进化来的（进化论）。即

———————————
① 佚名. 气候变化与科学公正性. 中国气象报，2010-05-14

使是这些被科学界普遍接受的理论，如果有人能够证明它们是错误的，仍然能够一举成名。气候变化也属于这个范畴。有确凿、全面、一致的客观证据表明：人类正在改变气候，因而对我们的社会和赖以生存的生态系统构成了威胁。

最近，否定气候变化的人士对气候科学，更令人不安的是，对气候科学家本人的许多攻击，一般是受特殊利益或教条驱使的，而不是诚实地努力提供一个能令人信服并证据充分的可替代理论。联合国政府间气候变化专门委员会（IPCC）和关于气候变化的其他科学评估报告，有数千名科学家参与，产生了大量和全面的报告，也出了一些差错，这是不出意料的，也是很正常的。在差错被指出后，给予了改正。但是，最近的这些事件丝毫没有改变有关气候变化的根本结论：

（1）由于大气层中阻碍热量外逸的温室气体浓度的增加，地球正在变暖。华盛顿一个多雪的冬天并不能改变这一事实。

（2）自20世纪以来，这些气体浓度的增加大多是由于人类活动引起的，特别是燃烧化石燃料和毁林。

（3）自然因素一直对地球气候变化有影响作用，但当前人类引起的变化影响远远大于自然因素的影响。

（4）地球变暖将会导致许多其他气候形态的变化，其变化速度在现代是前所未有的，包括海平面上升的速率和水循环变化的速率均呈上升趋势。此外，二氧化碳浓度的增加正在使海洋变得更具酸性。

（5）这些复杂的气候变化合在一起威胁着海岸带社区和城市、粮食和水供应、海洋和淡水生态系统、森林、高山环境，诸如此类，举不胜举。

国际科学界、美国国家科学院和个人能够说的和已经说的远不只如此，但是上述结论应足以说明，科学家应对人类所作所为造成的使子孙后代面临的状况感到担心。我们敦促决策者和公众立即行动起来，着手解决引起气候变化的根源，包括不受约束地燃烧化石燃料。

我们还呼吁停止以含沙射影和株连的方式对我们的同事进行犯罪指控的麦卡锡式的威胁，一些政客为避免采取行动通过骚扰科学家试图分散他们的注意力，甚至把赤裸裸的谎言泼向科学家。社会有两种选择：一是我们可以无视科学，把头埋在沙中并希望我们有好运，二是我们可以为了公共利益行动起来，迅速和实质性地减少全球气候变化的威胁。好消息是，明智的和有效的行动是可能的。但是拖延注定不是出路。

就上述公开信的署名来看，美国参与气候变化争论的院士很多，但其中从事实质性气候变化研究的院士没有那么多。当然，也有持不同意见的美国院士。现代一些重大的国际科学计划和科学发现都是由很多科学家联合完成的，于是在顶尖刊物上常常会出现联名，大家共同发表一个科技成果。可是，作为顶尖刊物的《科学》，刊载人数众多的论战"公开信"并不多见。

针对"变暖论"、"变冷论"和"怀疑论"的三方论战，集中反映的是：变暖是否还将继续下去。目前的争论好似鉴古论今，但已经到了强词夺理、人身攻击与群体而攻之并行的地步。争论出现这种激烈的对峙状态，只能说明，人们掌握的事实尚不充分，理论还不到位。

第三节　未解之谜——谁是气候变化的"幕后黑手"

气候变化，灾难四起。根据 2007 年的第四次 IPCC 评估报告，1906～2005 年全球地表平均温度上升 0.74 摄氏度，1956～2005 年升温 0.65 摄氏度，其中最近 50 年的变暖趋势是近百年的两倍以上，1995～2006 年中有 11 年位列有仪器观测以来的最暖 12 年中。在人类活动继续排放的 6 种情景下，2007 年多模式估算结果显示：全球将持续变暖，2090～2099 年全球年平均地表气温相对于 1980～1999 年将会持续上升 1.1～6.4 摄氏度，这比先前的"从 1990～2100 年全球气温将会升高 1.4～5.8 摄氏度"的范围大。一些报告认为，假如人类不采取行动，届时海平面将大幅上升，众多沿海城市将被海水淹没，人类生存将受到严重威胁。近年来确实发生了一系列极端气候事件，2003 年夏季欧洲中西部发生了罕见的高温热浪，打破了自 1780 年有器测记录以来的纪录，并直接和间接导致 3000 多人死亡。2005 年 8 月"卡特里娜"飓风袭击了美国南部，2007 年 11 月 15 日晚间强热带风暴，"锡德"席卷了孟加拉国南部和西南部地区。2008 年 5 月"纳尔吉斯"风暴突袭缅甸。2009 年，"莫拉克"台风长时间摧残台湾岛。因此，与全球气候变化有关的地表温度升高、海平面上升、洋流异动、气候异常、灾害频发，它跨越了城市、国家的地理边界，成为全球性和全人类的

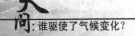

环境问题。

气候变暖真相是什么？2009 年年底，哥本哈根气候变化国际会议未能缔结全球协议，原因之一就是存在许多对于全球变暖的怀疑。过去全球气候变化的原因是什么？全球在变暖吗？全球未来会变暖吗？全球变暖对人类是福，是祸？

对于 IPCC 报告成果的质疑与各类"门"事件（"气候门"、"冰川门"、"亚马孙门"等），一时间使 IPCC 陷入了信任危机。在英国从事气候科学研究工作 17 年的大卫·温纳博士，同时也是 IPCC 报告作者与 IPCC 数据发布中心的创始人之一，对各种质疑都有些习以为常。他表示，有一件事值得注意：《科学》与《自然》这两个科学界的顶尖杂志，从未刊登过质疑全球变暖的文章。

温纳博士在英国东安格利亚大学气候研究小组工作，这也正是"气候门"发生之地。温纳认为与"气候门"有关的电子邮件被窃，背后一定是有一个机构，花了大量的时间、精力和资源在做这个事情，目的就是从中找出问题。"他们为什么采取这种方式，可能是他们惧怕科学本身的真实性，意识到气候变化确实是真实发生的故事。"在"冰川门"这一事件上，温纳认为，对于冰川来说，无论是 30 年还是 40 年，它们最终都是在融化。温纳还认为，IPCC 报告比其他的任何一个领域的同行评审更加严格。如果有任何人想对报告中作出的任何观点进行批评，他也必须拿出能够支持他的评论的证据，"如果有人说我们做的曲线不合适，而他的曲线更合理，达到了峰值，那么他的结论也必须得到相应的、非常有科学性的文献支持。"

可见，议论不怕多，公众自有分辨。但有一条是公认的：获取"科学支持"，事件的"时间与生命"，这些都是不能含糊的。对冰川生命期的含糊论断就偏离了科学。科学评估不但要"有人具体负责"，更要科学家有责任心。

目前全世界公认的地球气温变化曲线有三个版本。除英国东安格利亚大学气候研究中心的曲线之外，美国戈达德空间研究中心和美国国家气候资料中心也都有各自的序列曲线。三条曲线的趋势大体一致，其中英国的曲线升温幅度还是最小的。所以从这个逻辑而言，批判这个中心隐瞒一些不变暖的资料并不好理解。当然这并不等于说这个气温序列就没有问题，实际上其他的两个气温序列也多少有问题，特别是早期气温资料的来源和计算方法各有不同。无论是过去千年的气温序列，还是近百年的观测气温序列，获得一条真正代表全球气温变化的序列仍有很多的困难。

是否"气候变暖的人类贡献不再是一个科学上的争议性话题"了呢？2009年1月19日美国发布的"关于气候变化的科学共识"调查报告结果显示：世界上绝大多数科学家认同IPCC的结论，在参与调查的3146名世界各地的地球科学家中，有90%的科学家认同在过去200多年中，地球正在变暖的事实；同时，有82%的被调查者赞成，人类活动对于全球变暖起着显著作用。这份报告强调，对于那些充分理解气候变化长期趋势的学者而言，全球变暖本身以及人类在其中的贡献，实际上已经不再是一个科学上的争议性话题。

全球变暖谁之过？2007年2月发表的长达996页的第四次IPCC评估报告指出：20世纪中叶以来全球平均温度的上升很可能是人类活动造成的温室气体浓度增加的结果。民间组织NIPCC在2008年4月发表了"决策者摘要"之后，又于2009年6月出版了长达868页的"气候变化反思"的报告。NIPCC的基本观点是：自然因素而不是人类活动主导了气候变化。曾经参加过IPCC前三次报告撰写工作的北京大学王绍武教授认为，自然变化还是起着相当大的作用。在1950~1980年，这段时期温室气体排放非常剧烈，但中国以及北半球大部分地区温度没有上升，反而下降了，因此把这一段时期的温度变化认为是人类活动影响，显然是不合适的。NIPCC认为，太阳活动，包括宇宙射线的影响可能是全球气候变化的原因。不过，在这里面也有矛盾的地方，最新的资料表明1985年以后太阳活动减弱，而同期全球温度却偏高，这说明双方观点都有缺陷。王绍武认为，气候变化成因有人类活动影响，也有自然因素。其中，自然因素包括火山活动、太阳活动，甚至有深海洋流影响。IPCC自成立以来，均着眼于人类活动的影响，特别在对未来温度变化进行预估时，基本没有考虑其他自然因素的影响[①]。

全球变暖，福兮？祸兮？目前有一种看法是，全球变暖并不见得是一个恐怖的未来。温纳表示，这个问题在科学界已经讨论过很多次了。短期而言，一些地区可能从气候变化中受益，但是经过很多科学家的共同全面

---

① 王绍武. 全球气候变暖的争议. 科学通报, 2010, (16): 1529-1531

研究证明,在世界上更多地方,从气候变化当中只会遭受一些非常严重的负面影响。他表示,对公众而言,很难理解全球气温变化一点点,究竟意味着什么,到底有什么重大影响,所以必须让公众意识到,平均气温上升1或2摄氏度到底意味着什么。他还表示目前气候科学发展太迅速,仅仅是像现在这样每5年出一次评估报告可能是不够的,IPCC应考虑在此基础上,加大发布频次。他强调,应该通过一个机制,把科学界的科学研究,反映到对策过程和公共领域中,既要迅速,同时又要保证科学的严谨性①。

北京大学季羡林先生(1911~2009)对通常所说的"真理越辩越明"表示怀疑。他指出:"常见辩论者双方,最初还能摆事实,讲道理,尚能做到语有伦次。但是随着辩论激烈程度的提高,个人意气用事的情况也愈益显著,终于辩到了最后,人身攻击者有之,强词夺理者有之,互相谩骂者有之,辩论至此,真理宁论!哪里还谈到越辩越明呢?"

确实也是,辩论者不但语言上没有了伦次,时间和空间上也都失去了层次。全球变暖是一个不争的事实,但那是指过去哪一时段的变暖?还是指未来哪一时段的变暖?预测要讲开始时间点和时段的,不讲时间点和时段的"全球变暖"和"冰川总是要消融的",必然说不清楚。持续的争论又有什么意义?"以点代面"的现象在争论的各方都存在。美国华盛顿一次暴雪并不能说整个地球变冷,印度一个热浪也不能说整个地球在变暖。出现"变暖论","降温论"和"怀疑论"就是因为时间尺度不分。只要时间足够长,气温和降水都会在平均值附近摆动,这就是"怀疑论"者看到的现象。把时间尺子缩短,有些时段是变暖的,有些时段是降温的。

有意义的争论能促进科学进步,表现在三个方面:首先是对资料可靠性的争论,使资料质量得到提高。其次是对过去气温变化原因的争论,不能从表象人为确定因果关系。最后是对未来预测的争论,没有可靠的资料和因果关系,以及对应时间尺度的分析,不可能有可信的预测。"青山遮不住,毕竟东流去",严谨的科学争论终究会逐步逼近真理。

---

① 佚名.气候变暖真相几何?第一财经日报,2010-05-19

第四节　丈量气候变化的不同尺子

气候变化具有不同的时间尺度和空间尺度。我们从气象台的预报内容就可以知道天气预报有不同的时间尺度。

什么是天气？天气是几天内的大气运动及其发生的各种现象。这一时段内的大气运动主要是指与人类活动有关的局地风向、风速。描述的现象也是与人们的生产、生活有关的各种天气现象，如降水、雾、雷暴和沙尘等，其中还包括降水的强度（小雨、中雨、大雨和暴雨）和降水范围等。天气一般包含7个基本要素：气温、气压、湿度、云、降水、能见度和风。这些量是随天气系统变化而变化的。

什么是天气系统？在此以台风和温带气旋为例说明天气系统的特征。台风是热带低压天气系统。它形成在热带海洋上，向大陆移动则带来风雨灾害，但对长期的干旱，台风带来的会是一场喜雨。台风中心的气压越低，表示台风越强，风力和降雨量越大。形成于中高纬度大陆地区的低气压天气系统通常称为温带气旋，它是催生降水，大风，降温和沙尘暴等的天气系统。相反的，晴朗天气通常出现在高气压天气系统（反气旋）下。

什么叫气候？"气候"一词源自希腊语，意思是倾斜，指的是地平线上太阳光线倾斜的角度。古希腊人早已知道气候的冷暖与太阳的高度有关，南极和北极太阳的高度低，气候就冷，赤道上太阳直射天顶，气候就暖。现在人们知道一个局地气候不单单与太阳高度有关，还与海陆分布、土地利用和城市发展等因素有关。

怎样得到气候？气候是某地区在一个时间段内（一月、一季、半年、一年、十年、百年）天气的平均状态，如气温的平均和降水量的总和。"气候"是一个依赖于时间尺度的概念。要明确气温和降水是对多长时间的平均或总和，时间长度不同，平均值或总和值就不同。只要有了足够长的观测气温和降水，人们就可以得到各种时间尺度下的气候。所以，气候和气候变化是通过资料积累分析后才认识到的。

什么是气候异常？气候异常就是在一段时间内，如月、季、年气温或降水量相对于多年气候平均的偏差。气温偏高了，出现的是高温异常和热浪，气温偏低了是低温异常。降水偏多了是洪涝，降水偏少了是干旱。不经常发生的天气叫极端天气，不常发生的气候叫极端气候。气候是需要认识的，极端天气和气候异常，或极端气候才是需要预报的。预报出极端天气和异常气候才有技巧，不过也是很难的。往往持续性的干旱后会出现持续性的多雨，或者持续性的多雨后会出现持续性的干旱。从干旱向多雨的转变，或从多雨向干旱的转变，称为转折性预报，也是有难度的。

天气和气候异常有什么样的联系？在某地，如北京，若一天是高气压天气系统经过，再一天是低气压天气系统经过，那么一年四季下来，北京的天气就是一天晴天，再一天下雨，北京的这一年的气候就是"风调雨顺"的。所以，气候与很多个每天的天气有关，实际上是和每天的高气压与低气压天气系统的移动和变化有关。如果北京上空有一个高气压天气系统，空间尺度很大，移动缓慢，就会出现天天晴天，干旱无雨，或热浪的气候异常也就形成了。如果北京上空有一个低气压天气系统，尺度很大，移动缓慢，则会出现长时间阴雨，并可形成低温洪涝灾害。所以，天气是几天内的现象，气候是一段时间的天气总和。预报人员关注的是那些大型高气压与低气压天气系统是怎样变化的，它们的尺度是否很大，移动的速度是否缓慢。掌握住了这些天气系统的变化规律是做好天气预报和气候异常预测的基础。

什么是气候趋势？以5年、10年、30年、100年为时间长度，可以由过去观测资料得出气温是升高的，或是降低的，或是不变的。降水也是一样，会出现增多，减少，或不变三种趋势。每一时段的趋势值是不一样的。一般地，时间尺度越短，趋势值越大。十年的气温趋势值要比百年的气温趋势值大很多。这个十年的气温趋势值在下一个十年可能会发生方向性的转变。这个30年的气温上升，而到下个30年可能会下降，这个百年的气温下降到下个百年可能会上升。所以，用昨天到今天的天气趋势预报明天的天气，或用过去到现在的气候趋势预测未来的气候发展是很不可靠的，除非引起气候变化的原因已经非常清楚。

什么是气候振荡？从统计分析的角度看，观测的气候要素都会围绕它的多年气候平均值发生振荡。从物理的角度看，大气和海洋是流体，地壳是固体，地球内部还存在岩浆流体。这些不同圈层中的流体是流动的，进而就会出现密度和温度的变化。一些地方流体密度变大和温度变高，而相邻地区的流体密度变小和温度降低，它们随时间变化反映的是气候振荡，而这些流体运动的本质是波动。这些振荡和波动传播的不仅仅是形状，更反映的是能量。这些振荡现象主要发生在相同流体的内部，也会发生在不同流体之间，如海温异常能够导致相邻大气的气温异常，或者固体与流体之间，如地震波传给海洋引起海啸。

什么是气候外强迫？简单地说，外强迫是指来自系统外热的和力的作用。宇宙空间是无限的，但气候系统是有界的，它有一个空间范围。地球气候系统的范围包括固体地球、海洋、大气、生物圈和冰雪圈，也就是大气顶层以内的所有固态的、液态的和气态的物质组成的系统。那么，这个系统的外强迫只能来自太阳的辐射和外空间的宇宙辐射及引力，如月球引力的作用。如果仅仅把大气看作气候系统，那么它的外强迫除了上面提到的以外，来自地球固态部分的地震、火山活动，来自海洋的海温变化，以及人类活动化石燃烧、大气成分的变化，都是外强迫了。所以，气候系统的范围确定了，就可以确定系统的内部变化和外部强迫。如果把北半球大气看作气候系统，那么系统内的气候变化就是北半球大气不同部分的气温和降水变化，外强迫除了来自上述内容以外，还有来自南半球的水汽和热量向北半球的输送。

什么是气候灾害？首先，气候是在不断变化的，且有一系列的时间尺度。所谓不变的气候，事实上是在动态平衡下的气候。太阳到达地面的辐射总是低纬度地区多，高纬度地区少，地球上因太阳辐射差异形成的热力差异要靠大气和海洋流体输送热量才会达到平衡。这些输送热量的路径或通道发生了变化，就会形成一些地方的气候异常。不同的植物和动物对气候变化有自己的适应范围，超过这个范围其生存就会发生危险。所以，它们对气候变化的依赖有一个阈值，不同的植物和动物有不同的阈值。气候变化超过这个阈值就会形成气候灾害。这个阈值包括气温升高与气温降低的数值，降水增多与降水减少的数值等。对缓慢的气候变化，植物和动物会慢慢适应，但快速的气候变化，即气候突变，植物和动物不能适应，就会发生灾害。

什么是气候突变？从字面上理解就是气温和降水在比较短的时段内发生了巨大的变化，包括变暖、降温，变湿、变干。就全球气候系统来看，引起气候突变的原因可能是外强迫的突然变化和系统内部的突然变化。

什么是天气预报？对未来几个小时内要发生的天气变化做出的预报称为临近和短时预报。对未来几天内要发生的天气变化做出的预报称为短期天气预报。对未来几周内要发生的天气变化做出的预报称为长期天气过程预报，也称为延伸期预报。天气预报就是要走在时间的前面。如果天天晴天，或者天天下雨，就用持续性预报。困难就出现在从晴天到下雨，或从下雨到晴天的转折性天气预报。最早的天气预报方法是凭经验，如用云层的不断增厚，预报未来要下雨。而实际上，云层的增厚反映的是天气系统的移动。1861年英国开始绘制天气图，这样就可以通过天气系统的移动预报天气。后来有了高空气球探测，可以探测到高层大气的运动。高空的大气运动是波动式前进的。观察者从天气图上看到的是波谷和波峰的交替出现。预报员形象地称波谷为"槽"，波峰为"脊"。这样波谷和波峰的交替就是"槽来脊去"。"槽来脊去"也就是大气的波动。在波谷或槽的地方会出现降水天气，在波峰或脊的地方会出现晴好天气。根据大气流体动力学的原理，1950年美国查尼等用计算机制作了第一张数值天气形势预报图。到目前为止，计算机数值模型天气预报广泛应用在日常的业务中。早期的预测模型含有一些假定，如假定未来几天中大气不受到外强迫的作用，也不消耗能量，只是系统内部能量的重新分配。由于有假定和资料误差，数值天气预报有一个时效限制。目前天气预报的水平正逐步提高，一般认为逐日天气预报的可预报时限为2～3周。

什么是气候预测？目前把对未来一个月到几年的气温、海温和降水多少等的预报称为气候预测，又把对未来几个月到一年的预报称为短期气候预测。气候预测不像天气预报那样天天作滚动预报，而是作针对性的预测。我国降水主要集中在夏季的一段时期，也称为汛期。我国从1958年正式发布汛期降水预测。在过去的半个多世纪中，有些预测是成功的，但也有很多预测是失败的。成功的预测是因为较好地考虑到了那些外强迫的作用。20世纪80年代中后期，气候模型开始用于太平洋海温异常的预测，有提前几个月到一年的可预测时效。后来，人们又试图用气候模型预测各地的季度气温和季度降水。

什么是气候预估？气候预估也称气候展望。以大气为系统，预测几年以上到几十年、上百年的气候变化就完全受外强迫的影响。有些外强迫的变化是有规律的，像太阳辐射强迫。而有些强迫并没有规律，如火山活动和人类活动。这时人们并不知道未来的外强迫会出现怎样的变化。对于外强迫，人们只是先给出一种或多种可能的情景。把这些情景下的强迫放进气候系统模型，出来的结果中气温的高低、降水的多少，就是气候预估。

几十年到百年的气候预估大大受到人们认识的局限。一旦认识不对,"情景"就不是"真情"和"实景",预估就会出现偏差。

清代刘继庄说:"今于南北诸方细考其气候,取其核者详载之为一则,传之后世则天地相应之变迁可以求其微矣。"这句话是在刘继庄分析中国南北多个区域上七十二候气候与生态的不同后得出的结论,意思是气候具有空间和时间对应的尺度。把一个区域(地点)气候的时间和空间尺度定下来,最后再讲对应的气候变迁。他的"天地相应之变迁"中所含的时间尺度很多。只有把时间尺度和空间尺度确定了,后世之人才能准确地考究细微的气候变化。依尺度不同,气候变化可分为城市气候变化,区域气候变化和全球气候变化三类。

第五节　铭记历史　追根溯源

人们有时试图建立所谓的理论或假说来解释自然现象。人类历史也出现过顽固的假说,这些假说往往代表了某些集团或权威的利益。这样的集团或权威大大阻碍了科学的发展。

历史是一面镜子。多了解历史会减少现在的和未来的不必要的争论。针对 20 世纪 60~70 年代的降温争论,那时各国政府并没有采取减缓和阻止继续降温的行动。如果当时采取了一点行动,气温升上来了,现在是谁的功劳,还是过错,就很难说清楚了。

哥本哈根气候变化会议后,西方舆论对气候变暖的质疑迅速增多。媒体报道气候变暖怀疑论的观点和科技论文的篇幅明显增加,对气候变暖问题的质疑出现了相当强烈的反弹。

舆论对怀疑论的宣传,民众对怀疑论观点的关注,表明风向在转变。这是一件好事,但走过了头又会是一种不好的倾向,同样会偏离科学的正道,影响环境变化的认知与治理。2010 年年底墨西哥坎昆气候变化谈判大会前后又将会风起云涌。

风向变化之一,是气候变化研究的严肃性受到质疑。越来越多的人认识到,科学不能靠任何形式的"共识"来推动,而应建立在客观、严肃的研究基础之上。

风向变化之二，是民众认识到气候问题与"政治需要"有联系，对媒体的报道增加了辨别的思考，对气候变化问题的商业化有了担忧。

尽管气候变化有种种的争论，但争论的目标只有一个，这就是寻找气候变化的原因。从目前的争论看，还没有达到"真理越辩越明"，但有助于人们找到问题之所在。

问题之一，全球平均气候未来十年、几十年和几百年，不同时段是变暖的趋势，是变冷的趋势，还是动态稳定？或是不变？

问题之二，全球平均气温未来不同时段上变化的幅度、速率怎样？会不会发生突变？

问题之三，能否有近百年全球气温的可靠资料？能否有过去 1000～2000 年的全球气温可靠的资料？

问题之四，全球气温变化中有哪些变化的规律？

问题之五，气候系统受哪些外强迫的影响？这些外强迫有没有变化规律？气温变化的规律与外强迫变化的规律有什么物理联系？这里要涉及的核心问题是，全球气温变化有多少来自人类活动的影响。

问题之六，气候可预测吗？用什么方法做预测？

问题之七，极端气候与气候变化之间是什么关系？

问题之八，地球的气候变化是从什么时候开始的？有早期地球的气候记录吗？

后续的章节，我们将用当前能够得到的资料对这些问题进行逐一解读。

第二章
天地有大美

　　过去的气候发生了什么变化？未来的气候又将怎样变化？人们相信：气候变化有"真谛"，然而探寻"真谛"之路却异常崎岖。战国末期楚国屈原的诗《天问》对天、对地、对自然、对社会、对历史、对人生提出了 173 个问题，被誉为"千古万古至奇之作"，然而很多问题至今仍未能回答。

　　屈原的《天问》，可以分为三大部分：第一部分是对自然结构的提问，自首句"遂古之初，谁传道之"，至"乌焉解羽"，有 69 个问题。首先对宇宙起源、天体结构和日月星辰运行发问，接下来对大地结构和鲧禹治水、羿射十日等事件发问。第二部分是对社会历史的提问，自"禹之力献功"，至"卒无禄"，有 96 个问题。首先对夏代的历史发问，接下来对商代历史提出一系列的问题，然后是对周代历史至春秋战国的若干事件发问。第三部分是尾声，自"薄暮雷电"，至"忠名弥彰"，共有 8 个问题，内容主要阐述屈原的主张和感慨。总之，屈原是在问"天"，问"人"，也问"己"。

　　盘古到今，任何的发问和故事，都是从"开天辟地"

问起和讲起的。

　　天地有大美，而非混沌一团。大者有比银河系更大的宇宙天体，小者有比龙卷风还小的自然结构，它们有生命期，也有相似的生命过程。生命期可以分成若干时段，每个时段都有它们的结构美。单个层次上的结构是美丽的，多个层次美的叠加，世界就变成混沌了。我们能否从混沌的世界中看到自然的大美呢？

第一节　自然分层奥秘

在地球上，人类最早感知的是地壳和水面。地壳是由岩石组成的固体硬壳，外部与海洋和大气接触，呈现凹凸不平的轮廓。地球的平均半径为6371公里，呈"梨"形挂在北极。地壳厚度各处不一，大陆地壳厚30～40公里，大洋地壳5～10公里，有山脉的地壳则厚一些，可达70公里。地壳下部的一层叫软流圈，也称为地幔。地幔的范围是自5～70公里向下到2900公里；上地幔和下地幔的分界在670公里；地核的范围是自地下2900公里至地心。地核又分为内地核和外地核。外地核可能是熔融的流体。内地核是从地下5000公里到地心，呈固态。地球内部的分层与地球的早期形成有关，也与地球的重力分布有关。一个模型认为[①]，最初的地球只有固体地核和液体外核两层。随着地球的演化，现在地心已经被打入远离地面的"十八层地狱"了。

贴近地壳层的是水圈和生物圈。水圈包括液态水、汽态水和固态水。海洋是水圈的主要组成部分，其面积约为3.6亿平方公里，占地球表面积的2/3。生物圈是指地球表层有机体及其生存环境的总和。生物圈依托于地壳和水圈及大气而存在。

大气是地球上很薄的圈层。根据温度、成分和电离的物理性质由下向上分成了对流层、平流层、中间层、电离层和散逸层。贴近地面的一层大气受太阳辐射纬度差异、海陆差异、地形差异的影响很大。在这一层中，大气受热力差异和地形差异的作用，有水平运动，又有垂直运动，称为对流层。对流层水汽含量多，上升运动可成云致雨。很多天气现象和灾害都与对流层的水平运动和垂直运动有关。对流层在极地地区有8～9公里高，在低纬度地区可达17～18公里。对流层温度、水汽含量和大气密度都随高度的增加而降低。

对流层上部是平流层，因空气以水平运动为主而得名适宜喷气式飞机航行。平流层中下部，有一臭氧浓度比较集中的大气层，叫臭氧层。

---

① 钱维宏．行星地球动力学引论．北京：气象出版社．1994

臭氧是大气中唯一能大量吸收太阳紫外线的气体。如果没有臭氧层，过量的太阳紫外线辐射到达地面，对人体和生物就有损害。所以，臭氧层也是生命的保护伞。平流层位于 10～50 公里处，温度随高度增加而上升。

地球大气除了垂直方向上可分层次外，水平运动也存在空间尺度层次。流动的河水和流动的大气中，大涡旋中套着小涡旋，小涡旋中套着更小的涡旋，层出不穷。山脉中，大的山脉中含有小的山脉，小的山脉中含有小的山丘，无穷无尽。这种形似层层嵌套的组成，数学上称为分形几何。例如，数学家给出的科克曲线是从每边长度为 1 的三角形着手，在每边中段，加上尺寸为 1/3 的等边三角形，不断重复，边界的总长度按照 3×4/3×4/3×4/3×4/3…扩展至无穷，但面积始终小于环绕最初三角形的正圆。图 2-1 中只给出了在原三角形上的 3 次重复叠加过程。这里看出，面积是有限的，但线段的总长度可趋向无限。现实的例子是，海南岛的面积是有限的，但海南岛的海岸线长度要看用什么尺子丈量了，尺度越小，海岸线长度越长。

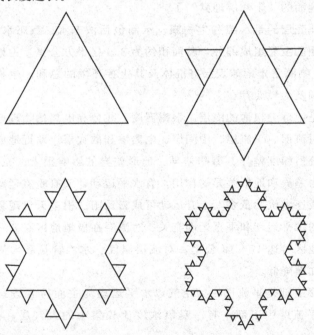

图 2-1　科克曲线

第二节　自然界的相似之美

旋转是自然界中最普遍的现象之一。台风生成于海洋上，从一个小的旋涡发展起来，台风越圆、越对称，表明它越强。在没有卫星监视之前，人们看不到在海洋上形成的台风。只有在它登陆后，人们才能觉察到它的存在。在卫星云图上，台风的晴空区是黑色，云区为白色。图 2-2（a）台风中心的晴空区又叫台风眼。有眼的台风是强台风。在台风眼的周围有四条环绕的白色螺旋雨带。螺旋雨带绕台风中心旋转，登陆后人们才能感受到一阵风后一阵雨的"风雨交加"。

（a）台风　　　　　　　　　　（b）银河系

图 2-2　台湾东南方的海上台风和银河系的旋转结构

晴朗的夜晚，当人们仰望天空时，可以看见一条横跨天际的微弱光带——银河。这条光带由大量发光的恒星组成，它们构成了银河系。如果人们站到这条光带的侧面去看，银河系在天空中像一个扁的铁饼，中央又亮又厚，但边缘阴暗弥漫，也称为旋转的银盘。明亮的条带称为星云旋臂，它由分布密集的恒星组成。银河系的直径约 10 万光年。太阳系距银河系中心约有 3 万光年，它以 250 公里/秒的速度围绕银河系的中心旋转，转一周需要 2.5 亿年。银河系的 2000 亿颗恒星，分别组成自己的太阳系，它们都可能有自己的行星和卫星。人们看到恒星就像星云密密麻麻，实际上两颗恒星之间的距离都非常遥远，以光年度量，就像太阳到另外一颗恒星那样的遥远。各个太阳系之间，至少相距几个光年。离我们最近的毗邻恒星"南二门"三星也有大约 4 光年。太阳系只是这无穷的恒星之一，位置就在图 2-2（b）中标注的地方。太阳系将何去何从？太阳系是向银河中心奔进，是远离银河中心而去，还是永远就在那里不动？银河系的发展趋势决定了太阳系的未来命运。

银盘中心有一个凸起的椭球形部分，称为核球，核球长 1.5 万光年，厚 1 万光年，由大量密集的恒星组成，核球的中心有一个更为致密的部分，称为银心，在直径 1 光年的范围内聚集着相当于 400 万个太阳的质量［图 2-2（b）］。在这个银河系中心的周围有四条星云旋臂。我们还不清楚，这四条密集的星云旋臂是在向中心做旋转运动，还是在向外离去？这些旋臂就像银河系中的波浪，太阳会掉进波谷，也会进入波峰。

当我们把台风和银河系（图 2-2）放在一起，一个是地球上的台风，一个是天上的银河系，为什么它们的结构如此惊人的相似？它们都有一个中心，有四个环绕的物质条带，并且都在旋转。它们是自然美的展现和造化。它们旋转的强度可用旋度的大小衡量。舞蹈家在舞台上，手臂伸展开，转速会慢下来。人们喜欢看，舞蹈家在台上手足并拢时的美丽舞姿。这时人体质量向旋转中心收缩，旋转在加快，在角动量守恒的条件下旋度增加了。

人们不知道银河系的结构是怎样变化来，又将怎样变化下去，但人们看到了台风的演变。在太平洋的低纬度赤道南北两侧有两个风带，也叫"贸易风"带或"信风"带。航海家利用自然的信风，可以用帆船完成环球航行。赤道太平洋上，赤道以南的东南信风和赤道以北的东北信风在赤道附近汇聚，形成了一条赤道气流汇合带，也是风速变化带。就像一条河里的流水，河中心流速最大，靠近两岸，流速减小，因此在河中心的两侧可以观看到互为相反的流速变化带。河水中和大气中的流速变化带，以及气流汇合带，都是形成涡旋的环境条件。台风就形成在赤道附近的气流汇合带上。在大气中，气流汇合带是能量、角动量和水汽最集中的地方，是台风形成的母体。台风形成后会离开赤道流体汇合带，进一步吸收环境能量，并发展"壮大"。台风在海洋上不断增强，逐渐出现台风眼，螺旋雨带变得清楚。这些螺旋雨带向台风中心汇集能量和水汽。当台风登陆后，能量和水汽的来源被截断，台风眼和螺旋雨带就会减弱并逐步消失。台风从在海洋上形成到登陆以及最终减弱消失，可持续几天到几十天。这期间包括最初扰动的形成阶段，台风的发展、成熟和消亡阶段。

台风是由大量大气质点和云团构成的，是含有四条螺旋雨带的结构性自然系统。而银河系是由大量星云构成的，是含有四条星云旋臂的结构性自然系统。台风有一个形成、发展和消亡的生命过程，那么银河系也应有一个类似的生命过程。它们的差别只是在时间尺度和空间尺度上，这正是"天上一瞬间，人间几万年"。像台风发展时的收缩那样，银河系正处于收缩的发展阶段。

如果按照银河系正在收缩的解释，我们的太阳系终究会沿着一条旋臂走向银河系的中心去。这样的归宿是时间的趋向，但这个时间是久远的。在人的一辈子观察中，银河系并没有发生变化，于是可提出"宇宙是不变"的观点。这不同于"宇宙膨胀说"和"宇宙收缩说"。人们可以把银河系看作宇宙，也可以把太阳系看作宇宙，还可以把比银河系更大的天体看作宇宙。宇宙是人们心目中包含一定空间范围内的系统。人们首先要确定这个系统的范围，才能判断这个系统是膨胀的、收缩的，还是不变的。

我们先不管台风最初的扰动是怎样形成的，也不管银河系的最初扰动是怎样形成的。我们想知道的是它们现在的相似之美是由什么支撑的？大量的水汽沿台风周围的四条螺旋雨带向中心汇聚。聚集到台风中心来的水汽，向下"入海无门"，唯一的出路只有向上运动。在8～10公里高处水汽凝结，释放凝结潜热，成云致雨。在那里，台风眼区温度可以比远离台风的大气温度高出近20摄氏度。这就从高空的台风眼向外形成了一个很大的温度差。无论是物质，还是能量，差别太大就会自发形成波动。台风内外的温差可在大气中形成波动，产生螺旋雨带。这就是"热生风，风生雨"的自然法则。银河系中心那么明亮，也应该是大量恒星沿星云旋臂向中心汇集的结果。银河系中的多条星云旋臂，可能也是靠它的中心内外空间上的温差和密度差形成的波动。自然界中的这些差别造就了台风与银河系的内在之美！

第三节 太阳系 "家谱"

太阳系由太阳和环绕它的八大行星组成。太阳和八大行星以同一个方向绕转在一个近似的平面上,也称黄道面。这个平面也是太阳自转赤道平面。环绕着太阳运动的行星都遵循天文学家开普勒的行星运动规律,其公转运行轨道是以太阳为焦点的一个椭圆,并且越靠近太阳时速度越快。太阳的质量占太阳系质量的99.9%,可99.7%的太阳系角动量集中在这些行星上。这些行星有的与太阳自转方向相同,也有的相反。太阳系中有靠近太阳的4颗类似地球(类地)的行星,还有4颗远离太阳的类似木星(类木)的行星。它们也分别称为内行星和外行星。太阳系八大行星的体积呈现两头小,中间大的分布。大多数行星周围又有卫星,卫星在绕行星的旋转赤道面上运行,构成类似太阳系的小系统。

类地行星包括水星、金星、地球和火星,它们的体积小,但密度大。内行星由高熔点的矿物岩石构成,硅酸盐类的矿物组成表面固体壳和半流质的地层,以及由铁、镍构成的金属地核。除了水星外,它们都有大气层,全部都有地质构造表面特征(如地壳运动和火山喷发遗留的痕迹)。在内行星中,水星和金星没有自己的卫星。地球有一颗卫星,就是月球。火星有两颗卫星。地球、火星和这两颗行星的三颗卫星都有基本相同的自转方向,也与太阳的自转方向相同。而金星的自转方向与太阳的和相邻行星的自转方向相反(图2-3)。

类木行星密度小,木星和土星的大气层都有大量的氢和氦,天王星和海王星的大气层则有较多的冰,氨和甲烷。木星质量是地球的318倍,也是其他行星质量总和的2.5倍。木星的丰沛内热在它的大气层中造成一些近似永久性的特征,如漂浮的云带和大红斑。木星已经发现有63颗卫星[①]。土星因其周围有一个环而著名,也有大气层的结构。土星的质量是地球的95倍,环绕有60颗卫星,有的卫星还有大气层。天王星的质量是地球的14.5倍,它的自转轴对黄道倾斜达到90度,横躺着绕着太阳公

① 李良. 探索太阳系天体(下). 现代物理知识, 2009, (5): I0001-I0008

转，在行星中非常独特（图 2-3）。天王星的卫星有 27 颗。海王星有 13 颗卫星。

在火星与木星之间有一个小行星带，它们的物质组成介于内行星和外行星之间，主要由岩石与不易挥发的物质组成。小行星带上，大的小行星直径可达数百公里并有自己的卫星。直径在一公里以上的小天体，数量达百万颗。除了最大的谷神星之外，所有的小行星都被归类为太阳系小天体。

太阳系的构成和运动是美妙的。它们环环相接、平辈相换，吸引人们探索它们的奥秘。人类在登上月球后，又把目标瞄向了火星和其他的行星及其卫星。

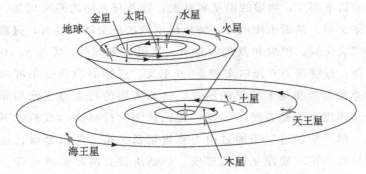

图 2-3　太阳系中的行星相对太阳的公转

资料来源：据 http://space.jpl.nasa.gov 整理

大箭头指示行星相对太阳的运动方向，细箭头指示各行星自转轴的方向

第四节　行星形成的美妙故事

行星是在太阳系形成过程中诞生的。太阳系有很多的形成学说，比如有两串"糖葫芦"形成的假说。假设有两个火球太阳在空间上相遇，又远离而去。在这个远离的时刻，它们之间的引力拉出了两串火球，每个太阳的后部都有一串大小不等的火球。一个太阳带着那串火球远离我们而去，留下了现在的太阳，它外面的火球经过长期的冷却，形成了太阳系中的 8 大行星、小行星和它们的卫星等。这一串火球是在一个太阳赤道平面上。

这一假说是一种偶然的灾变说,不足之处是不能够解释相邻行星自转方向为何相反,也不能解释行星与卫星的关系,及行星为什么与它的卫星有相同的自转方向等事实。

广为流传的是太阳系形成的星云假说。早期的星云理论是 200 多年前,拉普拉斯(1749~1827)提出的。他认为太阳系是从一团星云中形成的。原始星云由于运动和质点的相互吸引而形成原始火球。原始火球进一步收缩,并且由于吸引和排斥的综合作用,逐步分化成太阳系各行星,最后形成了现在的太阳系。这一理论没有给出太阳系行星形成的细节。

现代星云理论预设了一个原太阳,位于太阳系的中心。在自转太阳之外的赤道平面上,物质的温度和密度,随着与太阳的距离增加,是递减的(图 2-4)。从近太阳向外,物质组成依次从金属和岩石,过渡到冰晶水和二氧化碳、甲烷和氮气等物质。从近太阳向外,温度从 2000 开尔文下降,过渡到 300 开尔文和 50 开尔文。这样的物质分布可以很好地解释类地行星和类木行星的组成。远离太阳的行星温度低和靠近太阳的行星温度高也是自然的。这一理论认为,行星的形成经过下列几个阶段。第一阶段是星子通过引力积聚增长。第二阶段是增长过程中生热和熔化。第三阶段是核的形成。第四阶段是冷却形成地壳。第五阶段是地质活动。但所有这些阶段都无法解释相邻行星自转方向的不同。

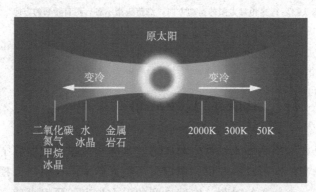

图 2-4　星云相对太阳的物质组成(金属、岩石、冰晶、二氧化碳、甲烷和

氮气等)和温度分布(趋冷)

1K＝1℃＋273

第五节　太阳系演化的神奇轨道

　　银河系有四条星云旋臂，每条星云旋臂上有若干的扰动。星云扰动中心可能就是一个恒星形成的最初胚胎。按照自然界的结构相似性，这个恒星胚胎类似现代的银河系。最初的恒星胚胎体积较小，引力范围也小。在其引力范围内有大量星云被其吸引。随着恒星胚胎的发展，在其周围出现星云旋臂。有大量的物质沿旋臂趋向恒星胚胎运动，使恒星中心的质量不断增长。与此同时，胚胎的引力不断增大，引力范围也不断扩大，旋臂上的星云质量向内集中，使其旋转加速。星云撞击胚胎使其温度升高、压力增大，最终发生热核反应。这种"火上浇油"过程称为"正反馈"，星云进一步撞击，温度和压力进一步升高。最终，旋臂上的星云被这个胚胎吸引完毕，旋臂也就消失了。此时，这个胚胎形成为恒星，体积最大、温度最高、旋转最快。太阳作为恒星之一就是这样形成的。

　　与太阳系的星云演化说不同，这里我们提出一个反过程，即把现在分布在太阳系周围的这些行星和它们的卫星统统粉碎，并铺满整个太阳赤道外的平面（图2-5）。中心是太阳，周围依次是类地行星和类木行星围成的

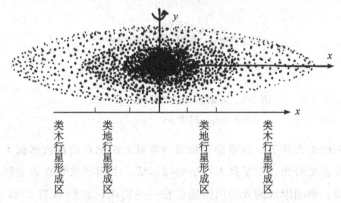

类木行星形成区　　类地行星形成区　　类地行星形成区　　类木行星形成区

图 2-5　太阳及其周围旋转平面上物质分布的设想，粉碎后的行星物质分布

资料来源：钱维宏．行星地球动力学引论．北京：气象出版社．1994

x 轴指示经过太阳中心的方向，y 轴指示太阳自转北极方向

星云区域。这些绕转的星云,具有与现在行星相同的绕太阳运行的线速度。这是一种假设,而且是大胆的假设。北京大学季羡林先生在谈到研究方法问题时说:"我始终认为当年胡适之先生提出来的十字方针'大胆的假设,小心的求证',是不刊之论。"

假定太阳系是一个旋转星云组成的球形体。由于太阳中心部分的强大引力,大量的旋转星云被太阳中心体所吸引。因而太阳中心体的体积和质量不断增大,自转速度不断加快。有一个时刻,太阳系像铁饼一样的扁平。这与现代银河系的形态一样。这时,太阳中心体的周围形成了若干条星云旋臂。在太阳中心体引力场的作用下,这些星云旋臂上的物质,一边旋转,一边有向中心体汇集的运行趋势(图2-6)。

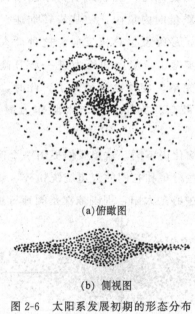

(a)俯瞰图

(b) 侧视图

图 2-6　太阳系发展初期的形态分布

资料来源:同图 2-5

在太阳的引力场下,这些旋转物质能够被太阳捕获的都被捕获了。这时候太阳旋转速度最快,质量最大,呈扁球形状。太阳形成时赤道半径大于南北极的半径。刚刚形成的太阳周围还存在一些物质,它们具有足够大的绕太阳旋转的速度,而不再被太阳捕获。到此,太阳系经历了目前银河系这样的发展阶段,进入到了土星与土星光环的阶段(图2-7)。

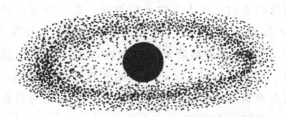

图 2-7　太阳刚形成时包围在太阳赤道平面上的旋转星云分布

资料来源：同图 2-5

第六节　行星胚胎的孕生

　　太阳作为恒星刚刚形成之后，太阳旋转平面上仍有物质分布。只是这些物质不再被太阳捕获，而是围绕太阳旋转，有着自己的轨道。太阳与太阳外绕转物质的关系就像土星与土星光环的关系。在太阳到水星半径内的物质受太阳引力作用，全都被太阳捕获了。在太阳外，虽然四条星云旋臂看不到了，但四个波动带还存在（图 2-8）。这四条波动带就在水星到冥王星之间，绕太阳公转赤道的半径范围内。这些物质的运行速度随离太阳的距离增加而减小，金属岩石成分减少，非金属冰冻物质增多。四条波动带是由四个不同波长的物质密度和速度波峰和波谷构成的。从波峰到波谷形成了星云物质绕太阳运行速度减小的变化，而从波谷到波峰形成了星云物质绕太阳运行速度增加的变化。在波峰与波谷或波谷与波峰之间形成了不同的变速带。一条变速带上形成了无数个，自转方向相同的涡旋，这些涡旋就是最初行星的胚胎。大的胚胎引力大，吸引周围小的胚胎和漂浮的星际物质。在一条变速带上，最后可形成一个，或几个行星胚胎。

　　地球和火星形成在同一个变速带上，具有相同的自转方向。金星与地球相邻，但在相反的变速带上。所以，金星具有与地球和水星相反的自转方向。水星形成在与地球变速方向相同的另一条变速带上和地球有相同的自转方向。水星和金星都靠近太阳，所在变速带上多余的胚胎，不是被水星和金星的引力捕获过去，就是被太阳的引力捕获过去了。所以，这两颗行星没有自己的卫星。木星和土星也形成在相同的变速带上，有相同的自转方向。在火星和木星之间，有一条速度减小带，形成了大量的行星胚胎，这就是小行星带。我国的小行星专家张钰哲（1902～1986）年轻时在美国留学期间就发现了一颗后来被命名为"中华"的小行星。天王星和海王星，形成的变速带远离太阳，太阳的引力作用小，物质在变速带上的空间厚度大。于是，它们的自转方向就不如内行星的自转方向那样有规则。

太阳系中大部分行星和卫星是用望远镜观测发现的，但有一颗行星经计算后发现的，它就是海王星。1781年发现了天王星后，人们发现它的位置的计算结果与实际观测总是不相符合，有些科学家认为一定有一个未被发现的新行星在影响着它。1846年8月31日，巴黎天文台的理论天文学家勒威耶送呈法国科学院一篇论文《论使天王星运行失常的行星，它的质量、轨道和现在位置的确定》。几周后，1846年9月23日晚，德国的天文学家加勒在柏林天文台用当时世界上最大的望远镜找到了这颗行星。观测的位置与事先计算位置的偏角只差1度。笔尖上发现行星的是数学物理的成果，仰望天空找到行星的是工程技术的成果。海王星的预测和确认是"科学院"和"工程院"密切合作的结果，恩格斯把它誉为"科学上的一个勋业"。

在太阳系行星中，各行星与太阳的距离同前一颗行星与太阳距离的比值，有一个特殊的规律。它们的比值大于1，而小于2。这一规律叫做行星分布律，也叫提丢斯-波得定则（Titus Bode's law）。这一行星距离分布律是一个自然的放大律。外侧行星到太阳的距离总是大于其内侧行星到太阳的距离。因此，前者取自然对数与后者取自然对数的比总是大于1的数。自然科学告诉人们，数学上的规律性，反映了物理上的规则性。只有把数学规律和物理规则集合起来，用数理描述自然，才会有生机。在沿台风中心向外的转盘平面上和沿银河系中心向外的转盘平面上，那些波动到达中心体的距离也有这样的分布律。

银河系、太阳系，以及土星与土星光环，这三代旋转系统的尺度不同，目前发展的阶段也不同。不同的发展阶段决定了不同系统的年龄。母子系统之间存在着层次关系。不同层次之间的关系与系统内部确定的约束关系，构成了一些自然规则。有些自然规则可用数字描述，如天文历法。这里的四个波动，有八条变速带（图2-8），就是一种自然规则。

36

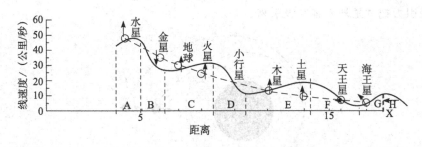

图 2-8　太阳系中行星相对太阳的距离和绕转速度

距离的单位取用了 10 倍日地天文单位的自然对数再放大 3 倍；箭头指示行星自转方向（图 2-3），实线是行星形成前变速带内物质运行的速度；A～H 分别表示太阳系八条变速带的相位位置

第七节　地球月球兄弟关系

在太阳刚形成时，太阳周围的四个波，构成了八条变速带。其中有一条变速带是现在地球的位置，称为地球星云变速带。这条变速带上的所有星云和胚胎的自转方向相同。通过碰撞和引力作用，到后来的某一个时刻，这条变速带上形成了有限的几个胚胎，其中在地球的位置附近，只有一颗胚胎发展到最大。在大胚胎附近，另外还有两颗相对小的胚胎，一颗受最大胚胎的引力作用，加快向大胚胎靠近，并撞击上去。第三颗小的胚胎在被大胚胎吸引的过程中，进入一个绕转大胚胎的轨道，它的绕转速度使得它成为这颗大胚胎的卫星。最大的胚胎就是我们的地球，而那颗绕转的胚胎就是月球（图 2-9）。地球和月球的自转方向相同，是因为它们起源于同一个变速带。一种学说认为，月球的体积可以填平太平洋，于是认为月球是从太平洋来的。但这不能解释月球的自转方向和什么力驱使它离开地球的。显然，月球不是通过某种尚说不清楚的原因剥离开了太平洋而形成的。

地球和月球是弟兄关系。月球的一个面总是朝向地球，这好像反映了它们的兄弟之情，来源于同一条变速带的不同行星胚胎。由于距离的原因，地球和月球的关系比和火星的弟兄关系更紧密。火星有两个卫星，也有类似的形成过程。地球和月球是一个家族，火星和它的两颗卫星是一个家族。这两个家族形成在相同的变速带上。地球时刻在保护着它的同胞弟弟，月球。当有星际物质向它们兄弟两个袭来的时候，地球用比月球大的吸引力把"星外来客"吸引来。

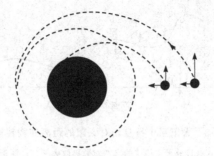

图 2-9　行星地球胚胎的增长和月球的形成

资料来源：同图 2-5

虚线箭头所指为运动方向；实线箭头为速度分量

第八节　迷惑人的引力是什么？

在物理学中，力是物体与物体之间的直接相互作用。我们无论对物体推或拉，都是在对物体施力。力可以改变一个物体运动的速度或方向，也可以改变自由物体的形状。

引力是确实存在的。地球上的物体到处受到地心引力的作用，但谁也没有看到物体与物体之间的直接相互作用。地球引力是海洋流体和大气运动中必须考虑的力。在牛顿的引力定态模型中，两物体之间的相互吸引力与两体质量成正比，并和它们之间的距离的平方成反比。距离的平方是正方形的面积，由此引力反映了面积上的两体质量的乘积。面积上的质量乘积是物质分布的状态，而不是力。引力的大小除了与质量乘积及面积有关外，还与一个比例系数——引力常数有关。这样的引力就与物质的分布属性有关了。我们先把这种属性称为"宇宙势"。宇宙势反映了宇宙空间中物质和能量的不均匀分布。宇宙势可能是宇宙绝对空间中物质运动能量的分布。宇宙势在空间上的一种分布形成了太阳和行星，引力只是太阳和行星构成在空间上宇宙势分布的一个度量。所以，引力能够以很高的精确性预言了太阳、月亮和行星的运动。

长期以来，人们对引力是怎么形成的和引力表达的什么意义并不清楚。人们总是倾向于认为引力是作用在物体上的力，然而爱因斯坦把引力看成是宇宙的性质，而不是个别物体的性质。在这里，我们把这个宇宙性质理解为"宇宙势"。

引力是一种什么样的宇宙性质呢？我们先来看一个现象。太阳系中，行星绕太阳走的是一椭圆轨道，好像只有椭圆轨道才稳定。为什么行星要走这一椭圆轨道呢？这个轨道是怎么形成的呢？在开普勒的行星运动描述中，以太阳作为行星绕转的一个椭圆轨道焦点，行星与太阳的连线在等长的时间内扫过相同的面积。于是行星在近日点速度快，在远日点速度慢。开普勒的这一行星运动定律也与行星质量及面积有关。

在 20 世纪之前，人们认为宇宙是以一种不变的状态存在的，从未有人暗示过，宇宙是在膨胀或是收缩。人们普遍相信宇宙必须是不朽的，不变的观念才能给人以安宁。人的认识，从不变到变，是一大进步。后来，自然科学发展到了用引力来解释收缩，而用斥力来解释膨胀的阶段。引力在非常大距离时成为斥力，这好似解释了无穷颗恒星的分布保持平衡的状态，邻近恒星之间的吸引力被远隔恒星之间的斥力平衡了。实际上，这样的平衡是不稳定的。如果某一区域内的恒星稍微互相靠近一些，引力就增强，这些恒星就会继续落到一起（收缩）。反之，如果某一区域内的恒星稍微互相远离一些，斥力就起主导作用，并驱使它们离得更远（膨胀）。

为了说明存在斥力，在 1929 年，埃德温·哈勃作了一个具有里程碑意义的观测：不管往哪个方向看，远处的星系正急速地远离我们而去（红移现象）。换言之，宇宙正在膨胀。这样的观测也有一个相似的例子，我们在飞机场候机厅拍了一幅即将登机的万人照片。万人都在一个大厅里，距离是那样的近。几个小时后，这些人先后乘飞机各奔东西，到了世界各地。他们距离机场会越来越远。这样的离散不就是膨胀吗？人们在按照自己的意向运动，有聚有散，统计上以散为主，在膨胀，但他们还都没有离开这个地球。地球上看到的星系也是一样，它们在运动，有聚散，没有离开这个宇宙，但相对地球以散为主。

引力问题不得其解，因而延伸出了很多的猜想。但人们坚信，科学的终极目的在于提供一个简单的理论去描述整个宇宙。广义相对论是描述引力和宇宙的大尺度结构的理论，而量子力学处理极小尺度的现象。人们相信速度决定物质的属性。人们把引力猜想为超过光速的作用，引力子也就被提出来了。但是，人们至今还没有找到引力子。

　　对此爱因斯坦提出了革命性的思想，即引力不像其他种类的力，而是时间和空间弯曲的宇宙后果。由于地球的旋转，人们知道了地球自转偏向力，也称为惯性力。地球上的物体只有发生相对地球的运动，这个力才被显现出来。因此是在运动的同时出现了力，而不是力产生了运动，从严格意义上讲这不是一种力，而是旋转地球上的一种性质。太阳系、银河系、河外星系都可以看作为不同大小的宇宙（系统）。这些系统都是旋转的，运动的，那么像行星和恒星，这些运动的天体也会受到惯性力的作用。这种宇宙尺度上的惯性力就是引力。实际上，在宇宙空间中，引力的本质不是力，而是势。单摆的运动不是重力作用，而是势与动量的交换。由于宇宙的运动形式是以多种大跨度的旋转运动为特征的，而不是直线运动，所以描述宇宙的运动用角动量更为合适。这个角动量的空间分布就相当于宇宙势，可定量地用引力表示。角动量和宇宙势，可以反映物体间的吸引和排斥。广义相对论预言光线会被引力场所折弯。空间弯曲和光线会被引力场所折弯，这表明，宇宙中一切物质都在做大跨度的旋转。物质在宇宙运动中，相互吸引并排斥，反映的正是角动量的变化，或者旋转强度的变化。站在地球上观测到的星系红移现象正是宇宙中物质大跨度旋转和相对太阳远离的表现。

　　宇宙中存在着局部的膨胀和局部的收缩，膨胀趋于无序，收缩趋于有序。时间有指向无序的方向，也有指向有序的方向。时间箭头总是指向生命的未来，从个体的有序到总体的无序，又从总体的无序中出现了局部的有序。宇宙中哪些地方收缩，哪些地方膨胀是由宇宙势的分布决定的。

　　质量与能量的转变过程中会改变宇宙势的分布。爱因斯坦著名的方程 $E=mc^2$ 描述了宇宙中质量转变成能量的关系。宇宙中物质的质量是巨大的，从这个意义看，宇宙中的能量也是无穷的。质量转变成能量是要有环境条件的，核反应堆就是人工创造的环境条件。宇宙中局部环境条件就是宇宙势的分布。在确定的宇宙势分布下质量转变成能量，能量又会改变局部的宇宙势。

　　从对台风和对银河系的结构演变看，有眼的台风是收缩的，台风的消亡是膨胀的。实际上，在赤道辐合带上，一个台风在走向"收缩"时，相邻的台风正在"膨胀"。"收缩"和"膨胀"反映的是宇宙中旋转速度变化的两个趋向，其中包含质量与能量的转变，是宇宙势中的局部涨落现象。宇宙势的分布决定了宇宙的演化。

　　现代宇宙学中膨胀论与万有引力有着密不可分的关联。由于万有引力得不到解释，故而为找到斥力，利用观测的红移现象，推出了宇宙膨胀的模型。人们心目中的宇宙是随认识而扩大的。几百年中，人们的宇宙范围已经从太阳系扩展到了银河系和河外星系。未来的宇宙范围会比现代人们认识到的更广阔，局部膨胀和局部收缩的各种现象更丰富，目前的银河系就像在海洋上发展的台风那样，是收缩的，如果把现今的银河系看作为宇宙，则这一宇宙是收缩的。地球绕着太阳以椭圆轨道公转和地球-月球以它们的公共质量中心旋转就满足环境宇宙势中的"单摆运动"。在地球形成时的三颗行星胚胎中，它们从宇宙势中得到的角动量是不同的。其中一颗胚胎的角动量使得它与地球胚胎合并了，而另外的一颗胚胎形成了月球，并与地球胚胎构成了一个系统。这个系统相对太阳按椭圆轨道公转就体现了它所具有的从宇宙势中获得的能量（角动量）。这个角动量，实际上就是宇宙势，可以用引力度量。

第九节　地球的天文演化

最初的地球胚胎也像其他的胚胎一样，温度不高。低温胚胎呈固体形态。地球胚胎依靠引力在增长的过程中捕获了地球变速带上的大量其他胚胎。实际上是太阳系中宇宙势（或角动量分布）的演变。大量胚胎撞击到地球胚胎上时，动能转变成热能。地球胚胎表层的温度随着大量胚胎的撞击，逐渐升高。到一个时刻，地球胚胎的中心部分被这些"来客"夯实了，成为固体的，而表层是液态的，这就是高温岩浆。地球胚胎所在的变速带上的角动量最后收缩到地球胚胎上，使地球胚胎旋转加快。大量的胚胎撞击到地球胚胎上，在熔融的状态下重金属成分下沉到地球岩浆的底部，轻的物质上浮到地球胚胎的表层。因此，地球胚胎的旋转加快，使得它的形状不是正球形，而是扁球状的。轻物质更多的是集中在地球胚胎的两极。在那样的旋转速度下，"海拔"在极地高于赤道。当这个变速带上所有的星云和胚胎都被地球胚胎、月球胚胎，以及火星与它的两颗卫星吸引（捕获）过去后，地球胚胎和月球胚胎旋转达到最快，表层温度达到最高。

在达到最高温度和最高自转速度之前的时段，称为地球的天文演化阶段。地球形成至今已有45亿年。据称，16亿年前地球每昼夜只9小时，

41

一年有 800 多天，6 亿年前一年有 440 天[①]，说明地球刚刚形成时的自转速度比现代快几倍。地球和月球的天文演化阶段是在同一时间完成的。当时的地球和月球表面都是流动的岩浆，而它们的中心部分是固体地核和固体月核。固核外是熔融的岩浆流体。地球是内部固体和外部岩浆液体组成的两圈层系统。当时的地球和月球也应该是发光的，它们的表面温度也在几千摄氏度。在大量胚胎撞击地球的过程中，岩浆圈层的旋转不断加快，赤道附近岩浆流体的速度最大，极地最小。在这样的速度随纬度分布下，轻的物质集中到两极。这为两极地表层的原始矿藏的形成创造了条件。

地球天文演化阶段中，地核与岩浆圈层之间，主要表现为岩浆流体的加速运动带动了固体地核的加快旋转。岩浆流体表现为，离地球的转轴越远，旋转的线速度越大。不同的纬度带上有流速差。这样的流速差可形成岩浆流体中旋转涡旋结构。现在木星上仍然有这样的涡旋结构。

第十节　"四分五裂"的大陆板块

地球胚胎发展到最大时，不再有其他的胚胎被地球胚胎吸引，地球温度达到最高，完成了地球的天文演化阶段。此后，地球的温度下降，开始了地球的地质演化阶段。地质演化阶段开始时，地球的旋转速度可能是现在的三倍。通过冷却和重力分异作用，这时大气和海洋也形成了。重的元素，如重金属趋向地球的内部，而轻的元素浮到了表层。形成的大气在地球的最外层，而海洋位于地球表面海拔低的地方。海洋应该位于当时的赤道上，而陆地位于地球的两极。

地质演化不久后，地心为固体，上面是岩浆流体，再外层是冷却形成的地壳。地壳外是海洋和大气。这是最初地球圈层的结构。在地壳、岩浆和固体地核构成的圈层系统中，它们之间有旋转的速度差，会发生角动量的交换。岩浆圈层是这个系统中最活跃的部分。地质演化过程开始后，地球的整体自转角动量趋于减小。地壳的厚度与岩浆圈层和地核比起来很微薄。假定地核与岩浆构成的系统中，地核失去角动量，岩浆圈层就会得到

① 李良. 宇宙中的地球. 现代物理知识，2010，(1)：I0001-I0007

角动量。它们之间满足总角动量的守恒。于是，岩浆旋转速度增大，在其外层的地壳受岩浆流体的作用向东移动，同时也受到地球自转偏向力的作用。位于两极的地壳会在这两个力的作用下发生分裂和相对运动。

最初形成于南极和北极的大陆地壳，受下部行星尺度岩浆流体方向性运动的作用，发生了分裂（图 2-10）。南半球大陆分裂成了五块，以非洲板块最大，印度板块最小。当时的南极位置在非洲板块的南端，这个位置正与南非发现的世界上最大的自然钻石位置一致。当时的南极洲板块并不在南极，很多地方处于当时的中纬度地区，这也许正是南极板块上能有高品质的煤炭和生物化石的原因。北半球的原始大陆分裂成了四块，亚洲板块最大，格陵兰板块最小。日本和菲律宾是亚洲板块东侧的破碎边缘。最早的北美大陆板块是隔日本和菲律宾岛屿与亚洲板块相连的。当时的格陵兰并不位于北极，其上的化石分布是最好的证明。也有报道说，西伯利亚有钻石的发现，这个地方正是从北极漂移来的。

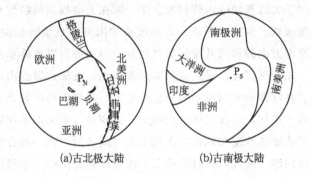

(a)古北极大陆　　　　(b)古南极大陆

图 2-10　最古老的南半球和北半球极地大陆及其分裂

资料来源：同图 2-5

P_N 表示北极点；P_S 表示南极点

第十一节　谁"推动"了大陆漂移？

原始地球时期，大陆在两极的面积是相等的，其位置相对两极和赤道对称。分裂后的大陆板块漂浮在岩浆上并随之运动。最初，地核失去角动量，旋转减慢，而岩浆得到角动量，旋转加快，但它们的总角动量不变。

在地核与岩浆角动量守恒的条件下，岩浆向赤道和向东流动。南半球的板块就会在岩浆作用下，向东偏北方向漂移。分裂后的大陆板块所处的位置不同，受到的漂移力不同，漂移方向和速度也会改变。在漂移过程中，还会发生大陆板块的形变和整体连带的漂移。由于大陆分裂的不均匀性，分裂板块的角动量又与岩浆流体的角动量发生了交换。于是，岩浆流体要绕着这些板块流动。由于大气运动会受到山脉地形和海陆分布的影响，大气流体运动的赤道辐合带偏离了地球旋转的赤道位置。同样，岩浆流体的赤道辐合带与地球的自转赤道也不重合，南极板块漂移到达南极，但两个半球上的板块并没有漂移越过岩浆流体的赤道辐合带。这个古岩浆流体的赤道辐合带沿现在的地中海、青藏高原南边缘、中国南海、澳大利亚北侧的新几内亚岛、加勒比海、地中海一线，把南、北半球漂移来的大陆板块"一分为二"，两边大陆面积相等，当然海洋面积也相等。

岩浆流体辐合带以南，来自原始南极的分裂大陆是向东北漂移的。南半球的岛屿都位于大陆板块的东侧和东北侧，而在大陆板块的西侧和西南侧没有岛屿。印度板块、阿拉伯板块、非洲板块和南美洲板块曾经向东北漂移，与北半球向东南方向漂移的欧亚板块在亚洲南部的古岩浆流体赤道辐合带上相遇。在这一辐合带以北，岩浆流体向东南流动。在辐合带以南，岩浆流体向东北流动。在这两个方向流动的岩浆驱动下，来自南半球和北半球的多个大陆板块相遇、挤压，形成了从伊朗高原、青藏高原到天山等亚洲一系列隆起的山脉。岩浆流体圈层和地核再次发生相对运动后，这一辐合带以南的大陆向西南方向回漂，南大西洋就形成了。南美洲和北美洲大陆板块在向西漂移的过程中与海洋地壳挤压形成了大陆西部的高大山脉。大陆板块的回漂，使得地球的地磁极向转变并记录在新的火山岩中。北极的大陆漂移走了，留下了北冰洋，南极板块漂移到达南极位置，这就形成了地球的"梨"状。

由此可见，北半球欧亚大陆板块与南半球并列在一起的印度板块、非洲板块和南美洲板块，在地下岩浆流体的驱动下经历了向南亚区域的、长距离的漂移。这些大陆板块在地下岩浆流体的驱动下相互挤压，形成了地球上最高大的山脉——青藏高原。这种高大山脉就像"横空出世"的巨龙，它形成的力量就是岩浆流体驱动的漂移力。

南北两极古大陆首次向赤道方向发生漂移至最后海沟形成之前，大陆板块往返漂移了多次，但每次往返漂移的距离都因地壳冷却增厚而缩短，漂移的频率却在加快。这其中反映的本质是地球固核与岩浆圈层相对运动的振幅在减小，频率在加快，呈现阻尼形式的相互作用。大陆漂移结束之后，不断加快的地磁场倒转也是对减幅增频固核—液核相互作用的记录。

"大陆漂移学说"是德国地球物理学家魏格纳在 1912～1915 年提出来的。实际上，魏格纳在这之前是一位气象学家，他在工作中看得最多的就是天气图上标注的欧洲和大西洋区域的底图。科学史上，一些重大发现问世之前，往往早就有人看到过同一现象。但"机遇只偏爱有准备的头脑"的人看到。那个跨越大西洋的地图，不能不让他发现在南大西洋的两对岸，非洲西海岸有一个海湾，巴西东海岸就有一个相应的凸出部分。

但是魏格纳描绘了大陆漂移的局部特征，没有提出所有大陆漂移的全貌，更没有提出全球大陆漂移的驱动力。魏格纳注意到了大西洋的形成与全球的一个"泛大陆"有关，但他不知道在"泛大陆"之前还有位于南极和北极的两个最古老大陆。

我国地质学家，李四光创立的地质力学的核心内容是"大陆车阀说"，也可称为"刹车说"。这是他在 1926 年提出的一种地壳运动起源的假说：地壳历史上发生的几次大的构造运动都具有全球性和定时性；地壳运动具有一定的方式和朝向；地壳构造运动的发生与地球自转速度的变更有密切关系。当地球自转加速到一定程度，则产生经向和纬向的挤压力，由之而形成经向和纬向的构造带以及各种扭动型式的构造体系。这一理论第一次把空间（全球）和时间（定时性）联系起来了，又与地球旋转角动量相联系，在当时是非常了不起的创新思考。但这个观点没有把地球自转速度的变更与圈层之间的角动量交换联系起来，也没有给出大陆漂移的初始位置和不同时期的漂移方向。

第十二节　地球母亲的皱纹和裂痕——洋中脊和海沟

在几乎所有大洋的中部都有一条近似南北走向的海底山脉。这样的海底大型山脉称为洋中脊。洋中脊的形成和其上的地质运动记录了大陆漂移的古老信息。大西洋的洋中脊是在两次大陆漂移方向改变后形成的。第一次南美洲大陆板块随岩浆流体向东北漂移与冷却的海洋地壳发生挤压并形成地壳堆积。洋中脊就是南美洲大陆板块再一次随岩浆流体向西南漂移在海洋上留下的挤压堆积带痕迹。洋中脊也是大陆板块曾经漂移到达的边缘带。除了大西洋中的洋中脊,还有印度半岛向南延伸的印度洋洋中脊和经过新西兰岛向北伸展的洋中脊。这三条洋中脊与其西侧的大陆东边缘有几乎相等的距离。澳大利亚大陆板块东北侧海洋上的那些锯齿形岛弧地形分布,记录了这个板块多次向东北漂移所到达的痕迹。澳大利亚大陆板块和其北侧、东北侧的岛屿都没有漂移越过地下的岩浆流体赤道辐合带。非洲大陆板块东侧的马达加斯加岛和阿拉伯半岛,是非洲大陆板块向西南漂移后,留下的大陆板块边缘碎片。洋中脊是全球性的,不同时期的大陆漂移对应有不同时期形成的洋中脊。

大陆漂移学说被地学界忽视了40多年。20世纪60年代海底扩张说好似救活了大陆漂移说。海底扩张说认为,一个巨大的联合大陆(也称为"泛大陆")的裂开是地球内部对流的结果,即洋中脊上的对流驱动了大陆的漂移。但有一个严肃的问题是,任何地球流体,包括大气、海洋和岩浆中的对流只能是无规则的。一个台风就是一个对流单体。很多个台风能够成串,是因为它们被大气流体赤道辐合带组织起来了。梅雨季节里,沿长江到日本有多个气旋波,气象学家称它们为"气旋族",那也是位于东亚的大气流体辐合带组织的结果。这些大尺度的大气运动辐合带就是单个对流能够形成的母体。洋中脊就为地球内部流体中的对流提供了一个大尺度的母体。"火山链"就是其下有类似流体辐合带的地壳构造。反过来说,没有地下流体辐合带,就没有火山链。

在地球的表面,高凸的是山脉,低陷的是海沟。大陆板块是老人手掌上的大块皮肤,又老又厚。海沟是老人手心上的裂痕,有血有肉。地下岩浆就是地球流淌着的血液。地震和火山就活跃在这些"裂痕"上。随着岩浆流体相对地核的运动和方向性变化,大陆板块发生了多次来回往复的漂移。最初来自两极的大陆板块可以在岩浆流体上一漂千里。但随着地球的不断冷却,大陆板块漂移过后,新冷却形成的海洋地壳在增厚。尽管地下岩浆流体还在不断发生着方向性的交替运动,但增厚的海洋地壳不可能再让大陆板块长距离漂移了。大陆板块与海洋板块之间,或相邻的海洋板块之间的最后一次明显漂移的痕迹就是海沟。海沟形成时的深度,就是当时地壳的深度。

洋中脊上和海沟附近是地壳最薄弱的地方,是地球内部通往外部的窗口,地震和火山频繁活动。应该说,先有了洋中脊和海沟,才有火山活动带和地震带。火山链就是这样形成的。

与以上的描述不同，海底扩张说有一套洋中脊和海沟形成的理论。1965年 J. T. 威尔逊提出了转换断层的概念。他认为，当移动的大洋地壳遇到大陆地壳时，大洋地壳就俯冲钻入大陆地壳下部（地幔）之中，形成俯冲地带，由于拖曳作用形成深海沟。大洋地壳被挤压弯曲超过一定限度就会发生一次断裂，产生一次地震。海洋地壳由大洋中脊处诞生，到海沟处消失，这样不断更新，2亿～3亿年就全部更新一次。但海底扩张说在扩张机理方面还存在没有解决的难题，如跨越全球的洋中脊形成原因是什么？岩浆沿洋中脊的局地上升运动很难解释它为什么能够驱动海洋地壳长距离横跨大洋的水平运动。洋中脊和海沟是同一个尺度的系统，但"大陆漂移学说"和"海底扩张学说"是两个不同空间尺度和两个先后时期的话题。

第十三节　古老的气候日记——化石燃料

除了在地球上，还没有在其他的行星上发现化石燃料的存在。地球上的化石燃料包括石油、煤炭和天然气。几百年前，人类最早发现并利用了煤炭，再后来又发现、利用了石油和天然气。这些化石燃料都是生物遗留的残骸，是地球表面亿万年气候资源的积累。在原始大陆分裂、漂移前，南极洲和格陵兰岛还位于低纬度地区。通过光合作用形成的原始植物，形成的煤炭品质最高。尽管这两个板块是在现代的冰雪之下，但煤炭记录下了它们曾经的气候环境。在欧亚大陆漂移的一个时期，现代的蒙古草原地区曾位于现今俄罗斯的西伯利亚的纬度，当时雨水丰沛、树木茂盛。在大陆漂移后，森林被埋，形成了大范围的煤田。

最初的海洋是淡水，没有或有很低的盐分含量。古海洋盆地中的海洋沉积也会记录下古老海洋时期的气候环境。赤道海洋上光热资源丰富，原始二氧化碳浓度高，海洋生物大量繁殖。来自两个半球的大陆板块漂移到了古海洋上的中东地区。这里是地下岩浆流体辐合带的位置，也就是古海洋的位置（图 2-11，见彩图 1）。现代中东地区在地球大陆板块漂移的早期处于生物非常繁茂的古赤道海洋上。这就可以解释那里丰富的石油资源了。沿着这条地下岩浆流体辐合带，石油也应该是最多的，包括加勒比海

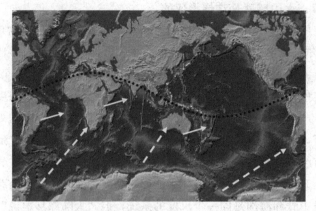

图 2-11　现代全球表面的大陆和海洋分布（彩图 1）

红线为全球地震分布；黄色虚线箭头和实线箭头指示南半球大陆漂移的方向和曾

经到达的洋中脊位置；粗点线指示古岩浆流体辐合带的位置

的油田。不同地区的石油品质不同，正好记录了当时气候环境的不同。

第十四节　地震好似鳌鱼翻身

　　地球经历了漫长地质时期的冷却，大陆地壳和海洋地壳都增厚了。过去的岩浆圈层现在成为流动缓慢的地幔。但岩浆和地幔仍然是地球三圈层（地核、地幔和地壳）中最活跃的部分。它与地核之间仍然有相对运动。那个地下流体辐合带还存在。陡峭的山脉与古老的大陆板块之间，海洋板块与大陆板块之间都会因地幔（岩浆）的相对运动发生变动。板块的变动不再表现为大陆的相对漂移，而是局部地震和火山活动。所以，地震和火山活动是现代地幔相对运动在地壳上的反映。

　　恩格斯说过："在地球上，个别的运动趋向于平衡，而整体运动又破坏个别平衡。"把这句话倒过来说就是，由于大尺度的整体运动将促发个别地点上的运动（地震和火山活动），个别的地震和火山活动趋向平衡。这是两种时空尺度之间的先后运动关系。从全球变化的角度论述地球水平运动对造山作用的思想，在维也纳地质学家休斯（1831～1914）的著作《地球的面貌》中就有体现。

地震主要发生在地下古岩浆流体辐合带的附近和地形落差大的地方（图 2-12，见彩图 2）。青藏高原及其周边地区是对地幔运动敏感的地区之一，地震发生频率高。现代地幔运动的活跃期就是地震活跃期和火山活动期。20 世纪六七十年代是地震的一个活跃期。20 世纪 80 年代是一个相对平静期。1995 年以来又进入到了一个新的地震活跃期。

地壳就相当于岩浆（地幔）运动流体上部的顶盖。地幔中的对流，特别是沿地下辐合带和板块交界的地方，会形成地震和火山活动。从这种关系看，获得地幔大尺度的水平运动信息是预测局地地震和火山活动的基础。不同地区的地幔运动相互联系，一个地方的地幔波动会传播到其他地区。所以，地震和火山活动具有群发性。但定时、定点的地震预测和火山活动很困难。印度尼西亚地区的地震活动带是行星尺度地下辐合带和区域板块辐合带叠加的地区。因此，这里是地震较为频繁和力度较大的地区。地幔水平运动的能量集中到地震的局部点上，以地震波的形式把能量传播到地壳很远的地区。同时，也会把能量通过地壳与海洋流体界面，激发出海洋波动——海啸。地震激发的海啸能量可以以海洋内波的形式传播到大洋的彼岸。

传说中，地震是地下鳌鱼翻身引起的。先人们在开挖新河道的时候，要先取来猪头鲤鱼，祭土地爷，不要把地下鳌鱼惊恐了，这是迷信。这里有一张并不像鳌鱼，但更像卧龙的素描图。龙的头部就在青藏高原那里，龙的脚在新西兰洋中脊上，龙的脊梁经过了阿留申群岛，龙尾沿南美洲西海岸向南延伸。地震正是发生在这条卧龙的身架上。

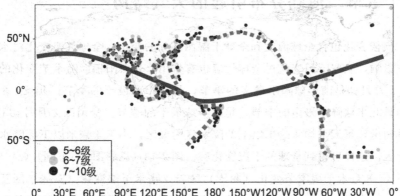

图 2-12　2000 年 1 月至 2010 年 3 月 5 级以上地震事件的分布（彩图 2）

实线和方点线分别指示地幔辐合带和板块边缘地震活动带

　　地震和火山活动是地球有生命的象征。月球和地球的邻居行星都因为体积比地球小，已经完成了它们的生命旅程，不再有火山活动和地震了。根据前面描述的行星和卫星形成过程，月球也曾和地球一样辉煌过，有火山、月震、大气、月壳、月幔，它们都曾与月核有过相对运动。一旦月幔变成了固体，月球的生命就结束了。月球的地质演化比地球快。月球应该是太阳系中，除了地球外，最有可能适宜生物居住的星球，但它本身已经没有了生机。

　　地球内部的热量是有限的，岩浆是有限的，地球的生命也是有限的，但与人的生命比起来又是漫长的。以目前的认识，地球是太阳系中的唯一，地球的气候环境是太阳系中的唯一，地球上的人和地球上的生物、植物也是太阳系的唯一。人类要认识这些唯一，要珍惜这些唯一，趋利避害是唯一的选择。地幔的运动和地震与火山活动都表征着地球还在壮年时期。在人类出现以前，地球气候已经为人类的诞生准备了生存的气候资源和化石燃料资源，但这些资源是有限的。人类需要认识资源，有效地利用资源，避免与地球的正常运动发生冲突。所以，人类要在认识地球后，有目的地选择生存的空间和环境。人类的科学发展才有了几百年，再过45亿年地球进入老年的时候，人类的科学发展已经找到了比地球更有利生命生存的星球了。

第十五节　海陆分布引起的大气结构

　　气候变化包含全球温度和全球干湿两部分的变化。全球气温变化对水循环有影响，全球干湿变化对全球气温也有作用。受太阳辐射随季节变化的作用，2月月初是南半球降水最多的季节，是北半球最干的季节。相反，8月月初是北半球降水最多的季节，是南半球最干的季节。分别以2月月初和8月月初全球每天平均4毫米以上的降水区为湿区，小于4毫米以下的降水区为干区，这样可得到全球的干湿变化区。图2-13（见彩图3，下同）（a）中，每日4～8毫米干湿季节变化（阴影）区与4毫米干湿变化（实线）区基本一致。沿赤道，全年都有比较大的降水，为湿润区，没有发生随季节的干湿变化。如果用干湿季节变化定义为季风区，则沿赤道附近不是季风区。在高纬度地区、内陆地区和海温低的区域没有干湿的季节转变，不是季风区。在

50

东西方向上，干湿季节转变区域主要分布在赤道外的热带和副热带地区。在南北方向上，存在着赤道南北非洲两个干湿转变季风区、亚洲—澳大利亚两个干湿季风转变区和赤道两侧南北美洲干湿季风转变区。如此计算，全球有6大季风区。其中以亚洲—西北太平洋季风区最大，澳大利亚—西南太平洋季风区次之，北非季风区最小。亚洲季风区降水可以向北伸展到东北亚。

季风降水是季风系统作用的结果。图 2-13（b）和（c）分别给出了 8月月初和 2 月月初的低层（850 百帕）海陆分布引起的环流系统。这些环流系统是受太阳辐射季节变化、海陆分布和地形影响的结果。全球最大的环流系统是位于热带太平洋、热带大西洋和热带印度洋上的赤道辐合带（实线）。三条辐合带并不稳定在赤道上，它们的位置和强度随季节变化，与赤道附近大降水带对应。

2 月月初，北太平洋到东亚地区有一条大槽，称为东亚大槽（点线）。围绕青藏高原，东南侧是我国西南地区的地形槽，高原南侧有印缅槽、阿拉伯海槽和东非槽。这时，南印度洋有一条赤道辐合带对应大的降水带。8 月月初，南印度洋上的辐合带消失，而太平洋和大西洋上的辐合带位置向北有所移动。在青藏高原的周边地区形成一些半岛尺度的地形季风槽。在南海、孟加拉湾和阿拉伯海各形成了一条半岛尺度的季风槽，有对应的季风降水。在高原的西侧，出现了一条东西向的无降水干地形槽。在高原的东侧，一条季风槽的位置随季节从华南经过长江，最后在 8 月月初到达华北和东北亚地区。这条槽称为东亚副热带季风槽，当它的降水到达长江时称为梅雨。西北太平洋上的辐合带在冬季还在海南南部，8 月月初可北移到台湾岛附近。高原南侧和东侧的半岛尺度槽和到达台湾岛附近的辐合带是影响亚洲-西太平洋季风降水的 5 条季风槽。分析得到，全球一共有22 条地形槽，但其中只有 9 条是干湿变化的季风槽。

图 2-13（b）和（c）中一共有 19 个大气环流系统，分为高压（实线）和低压（虚线）系统，它们又被称为大气活动中心。这些大气活动中心的季节变化直接改变了半岛尺度槽的强度和位置变化，甚至导致半岛尺度地形槽的季节消失。相邻位置上的两个大气活动中心之间的强度差可以构成一个区域气候变化的指数。图中的那些箭头就指示了对应相邻位置上的两个大气活动中心。

这 19 个大气活动中心和 22 条地形槽覆盖了全球，它们的范围、强度和位置变化受到太阳辐射的强迫影响和海洋的影响。其中的 9 条季风槽主要分

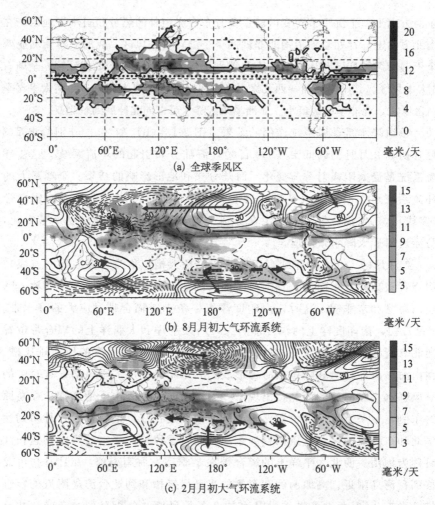

(a) 全球季风区

(b) 8月月初大气环流系统

(c) 2月月初大气环流系统

图 2-13　2月月初和8月月初的气候降水差表示的全球季风区
和低层大气海陆分布引起的环流系统（彩图 3）

资料来源：Qian W H, Tang S Q. Identifying global monsoon troughs and global atmospheric
centers of action on a pentad scale. Atmospheric and Oceanic Science Letters, 2010, 3：1-6

(a) 中，实线区域和阴影区域为季风降水区；(b) 和 (c) 中，实线指示行星尺度季风槽，
点线指示半岛地形槽，箭头指示相邻的大气活动中心可以构造季风指数，或区域气候指数，阴
影部分为降水

布在热带地区，是影响全球降水的主要环流系统。研究这些季风系统和大气
活动中心的长期变化对全球干湿气候变化及其对气温的影响有重大的意义。

第三章
四时有明法

古人说：四时有明法。明法就是一些内在的规律。地球不同圈层都有其内在的波动，不同波动的叠加形成了地球的历史，生物的历史，人类的历史和气候的历史。大陆漂移的来来回回，就是地壳运动的历史；恐龙的绝迹和新物种的诞生，就是生物的历史；一个朝代的灭亡到一个新朝代的诞生，就是人类社会的历史；大气运动中不同波动的叠加也形成了异常的气候，这就是气候的历史。我们怎样从由多激发源引起的杂乱无章和各种不同时间尺度信息中获知地球气候变迁的历史呢？

天问: 谁驱使了气候变化?

第一节　站在时钟上看气候变化

气候的一个指标量是气温。气温有日变化、月变化、年变化、十年变化、百年变化、千年变化、万年变化和更长时间的变化。气温的月变化中包含了气温的日变化。气温的年变化中包含了气温的月变化。若以小时为单位，一日气温，从早晨到中午是变暖的，而从下午到夜间是变冷的。如果在上午十点还断然说，这样的变暖还要持续十个小时，看看这种预报对不对？从冬天到夏天是变暖的，在七月还断然预测，这样的变暖还要持续六个月，看看又是什么结果？显然，过去气温的变化趋势并不能代表未来的变化趋势。同样，几十年和几百年的气温也会有内在的冷暖趋势变化。

相对大气中要素的变化，海洋和陆地的要素变化是缓慢的。缓慢变化和快速变化是相对的。

我们举一个例子来说明短期变化与长期变化的关系：中国黄土高原的形成与冬春的沙尘暴有关，是大风把沙漠地区的沙子吹起来，搬运到黄土高原上空后沉降形成。每年降落到黄土高原上的沙尘量有限，可是，几亿年的积累就形成了黄土高原。研究人员借助科学仪器和方法可以从黄土的垂直剖面中，测定不同时期黄土层的形成速率，进而推知冬季风的强度变化。

与黄土高原的高度增加不同，自然的雨水冲刷和人为对植被的毁坏，使得高山上的水土流失，经过河流汇入江海。长江入海口附近的近海沙滩在涨高，陆地在外延，海水在后退。若干年后，人们发现苏北的海岸线已经向黄海扩展，远离了范公海堤，形成了苏北南通、盐城和连云港三市的大片陆地。沧海桑田，望着远去的海岸，人们只能观而感叹。有些自然的变化是那样的缓慢，好似"青山依旧在，几度夕阳红"。

人的愿望是自然不变才好，气温既不升高，也不要降低。但自然界没有不变的东西。有变化，就会让人感叹，也就可能会有灾害。举一个例子，虽然这个例子从未发生过，但也许未来什么时候就会发生。当天文潮和台风潮相遇的时候，海潮的高度会加剧。另外，地震可以引发海啸。如果海洋中地震引发的内波，台风引发的波动，以及天文潮同时在近海的某个地方相遇，那就会形成巨大的海啸。

这些潮和波动在一地的巧遇可以形成极端的异常事件。所幸的是，这种相遇概率极小。自然灾害的发生看似是一种巧遇，恰是一种缘分。2009年的莫拉克台风袭击台湾，持续的风雨导致了当地巨大的财产损失。它也是多种因素，包括台湾岛地形、台湾海峡和大陆地形，冷空气侵入和周围环境变化等作用的结果。

在几乎周期性变化的太阳辐射驱动下，大气和海洋现象的变化为什么能够出现反复无常的非周期变化呢？我们知道，海水在海盆里，是有边界的。太阳加热低纬度的海水，又通过低纬度的海水把热量输送到高纬度去。海水的流动会绕着洋盆转圈，而这些洋盆又不是规则的。所以，海洋中的流体运动也是不规则的。大气运动受到地形的影响，受太阳辐射作用后的运动也是不规则的。海洋和大气又发生相互作用。这种种的作用使得大气和海洋中的运动变得非常的复杂，形成了多时间和多空间尺度波动的叠加。所以要问气候变暖，还是变冷，就要看时间尺度而定了。

第二节　随时间尺度而定的冷暖变化

时间尺度不同，丈量出的温度变幅，暖平台、冷低谷和趋势亦各不相同。地球表面的最高温度莫过于地质演化开始的时候。当时地面灼热的岩浆加热大气，气温很高，生物难以生存。之后，形成的地壳将岩浆圈层与大气隔绝开，为生物在地球表面的繁衍和生存创造了条件。当两极的大陆发生漂移后，炽热的岩浆再次从大陆板块之间暴露出来，使得全球气温陡增，热浪涌现，气候非常恶劣。在这种环境下，即使像恐龙这类大型动物也难逃灭顶之灾。

大陆板块的多次往返漂移和暂停，构成了地球早期气温几千万年的长期振荡和生物的多次灭绝与再生。这样的气温振荡一直持续到海沟的形成。海沟形成以来，地球内部岩浆的运动主要通过火山活动和地震引起全球气温的变化。火山活动和地震有平静期和活跃期，来自地球内部作用的气温也有相对低值期和高值期的波动性变化。

　　地球已经形成了45亿年。但我们很难找到，自从地球形成到现在的气候记录。由于历经多次往返的大陆漂移和多次造山运动等地质构造活动，地球表面的自然记录痕迹随时间的流逝已经难以辨认。地质学家除了对岩石进行分类外，还把地球分成了多个不同的发展阶段，也就是代、纪和世。地质学上认为大冰期起始于与现在较为接近的时期，因而被称为更新世；冰期结束以后的地质期则被称为全新世，又被称为后冰期，代表一个全新时期的到来。后冰期时温度上升，冰川后退。

　　地质时期气候包含三次大冰期，大约6.5亿年前的震旦纪大冰期，2.7亿年前石炭-二叠纪大冰期，以及240万年前的第四纪大冰期。也有人认为近十几亿年中可能发生过6～7次大冰期。大冰期持续数千万年。大冰期之间隔2亿至3亿年，为大间冰期（暖期）。大冰期中也有冷暖的变化，分为若干冰期和间冰期（暖期）。当进入暖期时地球上无永久性冰盖，气温比目前要高8～10摄氏度。当冰期冰盖最盛时，气温比现今低10～12摄氏度。南极大陆在原始大陆的时候并不在南极。现在人们通过采集冰芯，得到南极大陆板块到达南极后的古气候记录，其中最长的是65万年来冰芯沉积中的二氧化碳、甲烷、氧化亚氮和氚气的浓度变化。冰芯沉积序列表现出多个完整的大约10万年的周期。以迅速增加而缓慢减小为特征。目前南极的这些要素又处于一个峰值阶段。

　　在最近一万年的全新世中发生过一系列的气候事件，其中距今6000～4500年时欧洲出现过气候适宜的温暖期，世界上很多古代文明就发生在这个时期。全新世以来，气温变化具有千年的时间尺度，变化的幅度可达5～8摄氏度。这些变化可以在冰芯、海洋沉积和陆地沉积中发现。冷暖峰值出现的时间在各地不一样。一些冷的气候事件，如距今12 000～11 000年前的新仙女木冷事件的出现非常迅速，在几十年内气温降低7摄氏度。这些事件在冰芯记录中有较好的反映，如格陵兰中部万年长度的冰芯记录。这些5～10摄氏度的温度变幅都是自然的，可能是多个波动叠加的结果。

　　未来还会有冰期吗？既然历史上有过多次的冰期和间冰期，科学家们相信在未来地球还会再次经历冰期。地球目前的间冰期已经有1万年了。这是大多数间冰期所持续的平均时间。新的冰期何时开始还不知道，也许是在几千年之后，但也许会更快。

第三节　有节律的气候变化

　　地球上的能量主要来自太阳的直接辐射。地球整体的温度变化与地球在宇宙空间里相对太阳的距离有关。1941 年，米路廷·米兰科维奇提出了气候变化的天文学理论。地球绕太阳公转的轨道不是一个正圆，而是一个椭圆。这个椭圆的形状是变化的。地球绕地轴旋转的状态就像一个旋转的陀螺。米兰科维奇系统地研究了地球这个陀螺运行过程中轨道参数的变化规律，定量地给出了运行轨道参数与太阳辐射量变化的对应关系，认为地球运行轨道参数的变化控制着地球气候的变化。他强调了三个运行轨道旋回的准周期变化规律。这些运行规律包括 2.1 万年的岁差、4.1 万年的轴倾角和 10 万～40 万年的偏心率旋回。同时，他又提出了古气候中的冰期—间冰期波动的天文成因假说。他的理论推动了古气候研究的发展，指导人们从地层沉积记录中寻找古气候变化的痕迹。反过来，地质历史沉积中得到的信息，证实了米兰科维奇旋回和冰期轨道理论的正确性。在地球运行轨道的三个参数中，地球绕太阳旋转轨道的偏心率描述了轨道的扁平程度，黄赤交角是地球赤道平面与黄道面垂直的夹角，岁差表示地轴方向的变化。偏心率的变化与倾角、岁差旋回变化可以产生季节效应。例如，春分点和秋分点（昼夜平分点）的变化。这三个地球运行轨道参数的变化表征了地球相对太阳的位置和地球的旋转方向。

　　偏心率、黄赤交角和岁差的变化分别有不同周期。图 3-1 表示驱动冰期循环的三种天文学机制。就其中任何一种而言，它对地球气候的影响是有限的，但如果三个周期变化都产生增温，或者降温贡献，则它们的叠加可能会引起地球温度的大幅度变化。

　　虽然米兰科维奇借鉴了许多前人的研究成果，他的计算和论断在一定程度上也颇具说服力，但这一理论还是遭到了气象学家们的质疑。原因是太阳辐射量在地球上的变化幅度非常小，似乎难以对地球气候产生影响。另一方面，一些事实证明米兰科维奇的假说可信。1976 年，人们通过对软泥中氧同位素的分析，发现气候变化的时间与米兰科维奇推算的结果一致。1990年人们从另一项对软泥芯的研究中也证实，气候变化每隔 10 万年就循环一次，而每隔 41 万年则会加剧这种变化。地球绕太阳运行轨道的周期性变化，控制着季节变化和来自太阳辐射的纬度分布，称为入射变化。过去和未来的入射变化可以有一个很高的信度估计，它有几百万年的变化。

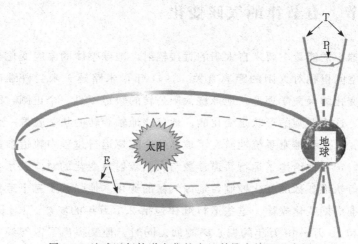

图 3-1　地球运行轨道变化的米兰科维奇旋回示意图

E 为偏心率的变化；T 为地球旋转轴倾角变化；P 为岁差旋回，在给定点上轴倾斜方向的变化

第四节　悠久的气温变化史

地球气候变化大致可以分为三个时期：地质时期、历史时期和现代气候时期。地质时期气候变化的信息可以从大陆漂移、造山运动和地层沉积中获取。氧同位素测量是获得地质时期气候变化信息的最有效方法。历史时期的气候记录可以从人类文字记载中获取。中国有几千年前的甲骨文考古记载。历史时期也有自然的气候记录，它们主要来自冰芯沉积、石笋纹层记录和树木年轮记录。

冰芯气候信息来自对冰原体中过去气体成分和沙尘等随时间变化的精密分析。冰原是由被压得很结实的降雪形成。由于温度极低，降雪在那里不能融化，层层垒积起来形成大面积的冰原。人们从极地和高山上的冰原采集冰芯，通过冰芯剖面中的氧同位素测量获取气候信息。

从石笋纹层序列中可以获得千年到万年的气候变化信息。雨水渗透到地下后通常呈酸性，并在石灰岩地区形成溶洞。当地下水位低于溶洞底部时，洞内会逐渐干燥。从溶洞顶部滴渗下来的水中含有矿物质。受洞内干燥空气的影响，水中的矿物质在水汽蒸发后形成沉积物悬挂在洞穴顶端。随着时间的流逝，这些沉积物越积越多，成为钟乳石。顺着这些钟乳石滴落到洞穴地面的水蒸发后留下的矿物质在地面沉积，形成圆锥形的隆起，成为石笋。在季风区，每年有一段雨水期。石笋的每年生长形成明暗交错和厚度不同的纹层，可反映雨水的变化。

树木的年轮是最好的气候信息来源。每棵树的树干和枝条都会逐年长粗变长，人们称之为次生长。次生长的原因是在树皮和木质之间有一层细胞，叫形成层，它们整整齐齐围成一个圈，又不断分裂出新细胞来。年复一年，树木便会越长越粗壮。春夏季节，气温回升，降水增多，树木生长迅速，细胞个大，木质疏松，颜色较浅。进入秋天，天气变冷，降水减少，树木形成层分裂细胞的速度减慢，细胞个小，颜色很深，质地细密。由于木质的疏密不同、颜色深浅不同，就形成了一圈清晰的年轮。在高山缺少水分的地方，树木的生长依赖于降水，则树木年轮可较好地反映当地的干湿变化。在温度偏低的地方，如果气温是制约树木生长的因素，则年轮主要反映冷暖的变化。

现代气候信息来自近百年的气象仪器记录。现代观测记录在空间上和时间上都有很大的变化。气象观测记录主要来自有人居住的地区，在海洋上、高山-沙漠地区和高寒地区，观测记录很少。观测信息的空间覆盖面不足会大大影响全球气候分析的准确性。因此，有一句流传的说法：拿一支温度计的人能告诉你现在温度是多少度，而拿两只温度计的人连自己都搞不清现在到底是多少度。气象观测有很多的仪器，包括气压表、温度计、湿度计、风速计等，它们分布在全球各地。这些仪器必须要有统一的标准，要在全球统一的一个时刻在各地观测和读数。18世纪，人们普遍认为将温度计放在一个没有炉火的朝北房间里测量室温就足够了，后来又放在太阳直射不到的墙体北侧。到19世纪，温度计才进驻到百叶箱里。用塑料百叶箱代替木质百叶箱和用电子温度计代替酒精温度计后，气温可降低0.4摄氏度。志愿船舶测量海水温度时，用木质吊桶，还是帆布吊桶取水，所处在船的不同部位取水，可使测量到的海温也相差0.4～0.5摄氏度。随着城市的发展，有些原来在郊区的气象观测仪器现在已经在城市中心区了，也会带来温度偏差。美国大城市的平均气温比中等城市高2摄氏度，中等城市比小城镇高1摄氏度。

不同的时期，气候记录的时间分辨率是不同的。地质时期的每一个气候记录可能代表了几千年到几百万年，历史时期的时间分辨率可以达到几年到几十年。现代时期的气象记录时间分辨率可以达到日或月。

大约1.8万年前冰期达到最盛，1.4万年前冰盖开始迅速融化，从而进入冰后期的全新世。这段时间气候回暖，全球冰盖消融，大陆冰川后退。在7000～5000年前是冰后期中的最暖时期，称为"气候最适宜期"。全新世的后期，约7000年前的埃及和约5000年前的中国逐渐有了一些历史记载，人类文明开始孕育。早期的记载大多限于神话和传说。大约两千年前中国开始有历史气候的记载，更早还有一些考古及物候证据。过了气候最适宜期后，气候逐渐变冷。公元1550～1850年是最冷的一段时期，称为"小冰期"。

我国著名气象学家竺可桢先生曾于20世纪70年代初，根据大量的历史文献记载，系统地概括了中国5000年来的气候变迁。这项研究成果至今仍有一定的权威性，其中近5000年来中国东部温度变化曲线，大体上表征了东部地区历史时期气候波动的轮廓。竺可桢给出了考古时期（公元前3000～前1100年），物候时期（公元前1100～公元1400年）和方志时期（公元1400～1900年）数千年来温度变化的曲线，证明了小冰期的存在，最近500年最寒冷的时段在17世纪。3000年中，中国的这条气温曲线与挪威高山雪线高度位置有相同的变化趋势（图3-2）。

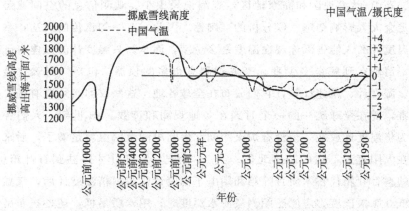

图3-2　竺可桢的过去3000年中国气温序列与

挪威雪线高度高出海平面的高程

竺可桢的温度曲线包含了很多的信息。其一，20世纪70年代初正是国际上盛行"全球变冷"说的时期。他指出不能根据零星片断的材料而夸大气候变化的幅度和趋向。他强调，气候变化需要长期可靠的记载，在这方面，只有我国的历史文献最丰富。其二，从仰韶文化时代到河南安阳殷墟时代（公元前 5000～前 3000 年），我国年平均温度比现在高 2 摄氏度左右。那时黄河流域的气候相当于现在长江流域的气候，冬季雨多雪少，水牛、大象、竹子等热带亚热带动植物分布很广。寒冷出现在公元前 1000 年（商末周初）、公元 400 年（魏晋南北朝）、公元 1200 年（南宋）和公元 1700 年（明末清初）时期。汉唐两代气候比较温暖，朝代政权维持的时间也较长。

第五节　气候变化是社会变革的"导火索"

有研究表明，从新石器时代至清代，中国气候温暖期与寒冷期交替变化，对应有游牧文明与农耕文明的较量与整合。在温暖期，中国经济繁荣，国家统一昌盛；寒冷期，经济衰退，游牧民族南侵，农民起义，国家分裂，经济文化中心南撤等。在靠天吃饭的时代，气候波动造成社会动荡。我国近代史上发生的"闯关东"和"走西口"的人口大迁移也与气候干旱有联系。

气候变化对人类文明是一把双刃剑，它既可以使一种文化兴起、繁荣，也可以将一种文化摧毁、消灭。在南亚季风强盛时期，印度河流域盛行暖湿气候。在公元前 2500 至前 1700 年，印度河流域极其繁荣兴旺；农业迅速发展，人们种植了小麦、大麦、豌豆、芝麻、枣树、甜瓜甚至棉花；畜牧业也广泛发展，猪、猫、狗、马、驴已有喂养；商品贸易也很发达，出现了黄金、白银、铜和石材等的出口。此外，这里还生活着各种各样的动物，包括大象、犀牛和野牛等。到公元前 1700 年左右，受季风减弱的影响，气候开始变旱。到公元前 1500 年，欧洲的雅利安人占领印度河河谷，印度文明结束。这些是南亚气候与文明演变的缩影。

公元 300 年在中亚和西亚发生了一次大干旱，游牧的匈奴人离开这里向西进发寻找食物和水源。当他们到达今天的乌克兰境内时，遇到了强大的罗马帝国军队。强悍的匈奴人最终战胜了罗马人，建立了强大的匈奴帝国，统治着今天欧洲东南部和中部地区。公元 434 年，匈奴帝国到达鼎盛期，控制了从阿尔卑斯山到波罗的海、里海之间的广大地区。

公元 1200 年左右气候突变，来自北极冷空气南下作用，中亚地区变得干燥而寒冷。受之影响,中国出现长期的低温天气。西欧也同样遭遇了长期冷空气的影响,出现了小冰期。持续的干旱使草原面积变得越来越小,人们不得不拥挤在有限的几片草场上。为了争夺草地和权力,各个部落之间发生了激烈的战争。艰苦的生存环境和旷日持久的战争,造就了蒙古民族吃苦耐劳和骁勇善战的特性。1206 年,具有非凡领导能力和军事才能的铁木真(成吉思汗)迅速统一了蒙古,并将其军队塑造成威震欧亚的铁拳[①]。在之后的 1215 年,蒙古人攻占了北京,把版图从里海一直延伸至中国海。此后,俄罗斯南部的草原地区也被纳入蒙古帝国的版图。1300 年,第聂伯河地区、现在的立陶宛共和国和喜马拉雅山地区都处在蒙古帝国的统治下。蒙古帝国成为当时世界上疆域最辽阔的国家。成吉思汗的后裔巴布尔(1483~1530)后来征服了印度,成为印度历史上的第一个蒙古皇帝。18 世纪以后,蒙古帝国才终于彻底退出了人们的视线。蒙古帝国的兴起也与欧亚内陆气候变化有内在的联系。

在蒙古帝国后,中原大地上又出现了另外一场与气候异常灾害有关的社会变化。明朝末年出现了大范围持续干旱,连续多年的农业绝收造成遍地饿殍,灾民流离失所,点燃了农民起义的燎原之火。明王朝当时处于内外交困的艰难之中,虽然几经挣扎,最终难免覆灭的结局。从历史来看,明王朝覆亡的原因很多,其内在制度的腐朽和对清朝交战的失利也是重要原因,但如果没有干旱灾害和农民起义,庞大的帝国是否会如此之快的土崩瓦解还是未知之数。直接攻下北京和造成崇祯皇帝自缢的是李自成的农民起义军,而不是清朝军队,所以无法否认,这场动乱前的大干旱至少加速了帝国的崩溃。

最后,我们再看看东南亚的气候与文明演变的事件。东南亚地区包括泰国、越南、老挝和柬埔寨。这些国家位于中南半岛上,属于东南亚季风区,盛产稻米。这个地区的气候灾害主要是干旱,其次是洪涝。受干燥气候的影响,在这片原本是热带雨林的土地上出现了一个重要的王朝——高棉帝国。高棉文化在 1200 年时达到顶峰。1300 年之后,气候又开始变得潮湿闷热,季风气候强盛起来,高棉帝国也逐渐衰亡消失。

青藏高原位于整个亚洲的腹地。以上所列举的气候变化与社会变革事件分别发生在高原南侧的南亚热带季风区、高原西侧的中西亚、高原北侧的蒙古草原地区、高原东侧的中原副热带季风区和高原东南侧的东南亚热

---

① 迈克尔·阿拉贝.气候变化.马晶译.上海:上海科学技术文献出版社.2006

带季风区。高原的西侧和北侧处于大气运动的西风带地区，洪涝灾害不多，但干旱事件常发。高原的南侧、东侧和东南侧是亚洲的三大季风区，是洪涝和干旱事件的频发区。在这些季风区，盛产稻谷需要雨水。虽然洪涝会导致灾害，那也是 1～2 月的局地事件，而且在洪涝区的周围有很大的扩展区域不受旱涝影响。洪涝区的灾民可以逃往周边的地区，并可在不久返回家园。与洪涝事件不同，干旱事件往往持续时间长达数年，波及范围可达亚洲上述五大地区之一。干旱区的灾民要么与王朝抗争，要么长途迁移引发不同民族之间的领地战争。

在亚洲的季风区与非季风区，大范围持续干旱是社会动荡的"导火索"。气候配置有四种类型：暖干、冷干、暖湿、冷湿。"冷干"事件多发生在非季风区，而"暖干"事件常发生在季风区。历史上有地震、台风、洪涝、冷冻、热浪等自然灾害，唯有干旱造成的灾害最为严重，称为大灾。人们常说"大灾兴邦"。大灾来临，人心涣散，群龙无首，但此时也是英雄辈出的时候。自然灾害风波和社会政治风波的叠加常常是旧王朝瓦解和新王朝诞生的原因。

第六节　气温的"兴衰"——暖平台和冷低谷

为了定量揭示自然变化的规律和特点，科学家们发明和制造了各种仪器，上天、入地、下海监视大自然的一举一动。公元 1600 年左右，伽利略制作了玻璃管温度计。1643 年托里拆利制成了水银气压计。后来又制成了风速计和湿度计。人们走上了气象要素定量观测的科学道路。

我们以地形变化为例，形象地说明气温是怎样变化的。在地势分布上，比周围高出的地方称为平台，而相对低凹的地方称为低谷。因此，一段时间上的温度比前后时段高，称为暖平台，相反的称为冷低谷。大气中的气压变化和气流变化，海洋中的潮汐涨落，都是强迫形成在介质中的波，也可称为"直接波动"。这些强迫也同时会形成气温和海温的变化，形似随时间变化的"波动"，可以看做那些强迫引起的"间接波动"。为了方便描述，我们在后面的分析把这种"间接波动"也简称为波动。如果有足够长的气象仪器观测温度资料，它的所有变化规律和变化特征就能分辨清楚。尽管气温仪表已经发明了 400 年，但大范围观测的广泛仪器使用还不到 200 年。目前国际上能够获得的最长的全球平均温度观测记录是从 1850 年开始的。在表征气候变化的气象变量中，气温和降水量是两个基本的变量。气温和降水的气象观测来自每个观测站。每个时刻，各地的气温和降水都是不一样的。中国的平均气温和平均降水，要用覆盖中国的所有观测站资料进行平均。全球的平均气温和平均降水，要用覆盖全球的观测站点资料作平均。过去和现在，气象观测资料的覆盖面是很不够的。高原上，海洋上和极地的观测站很少。中国的观测站主要集中在人口稠密的东部地区，而西部高原和沙漠地区，气象观测站也很少。所以，中国的平均气温和平均降水，全球的平均气温和平均降水，都是一种有误差的估计。覆盖全球的观测站点越多，这样的误差会越小。20 世纪 50 年代以来的全球观测资料覆盖面比 20 世纪初多。19 世纪的全球观测点就少多了。

一个观测站的长期气温变化有波动，全球平均的气温变化也存在波动。由于气温存在波动，各个时段的变暖趋势和降温趋势就不一样。全球观测的气温序列有多条，这里用英国（HadCRUT3）的全球平均气温来描述这些变化（图 3-3）。1850～2008 年、1911～2008 年和 1976～2008 年三个时段，增温趋势分别是每百年 0.44 摄氏度、0.73 摄氏度和 1.75 摄氏度。如果保持最近 33 年的全球变暖速率不变，21 世纪末的气温距平值会是 2.03 摄氏度。从气温上升趋势过渡到气温下降趋势，中间会出现一个高温平台。从气温下降趋势过渡到气温上升趋势，中间会出现一个冷的低谷。过去的 159 年中，全球气温经历了 3 次年代尺度的暖平台和 3 次年代尺度的冷低谷。由相邻暖平台和冷低谷可以给出气温变化的阶段性趋势。最近 33 年的变暖趋势与 1911～1944 年的变暖趋势相当。1878～1911 年经历了全球降温的趋势。从 1944～1975 年全球平均气温维持了一个相对低温时段，没有明显的趋势变化。1998 年是过去百年来气温最高的一年，2002～2005 年全球平均气温位于次高，但从 2006～2008 年气温在持续下降。由此可见，1998～2008 年已经形成了一个十年尺度的气温平台。这个气温平台类似于 20 世纪 40 年代的十年尺度的暖平台。那么问题是，下一个冷低谷会在什么时候出现？

全球平均温度变化中，交替出现的暖平台和冷低谷是客观存在的自然变化。两个相邻暖平台出现的时间间隔是 60～70 年，从暖平台过渡到冷低谷的时间大约为 30 年。在最近的暖平台过后会自然地出现一个冷低谷。暖平

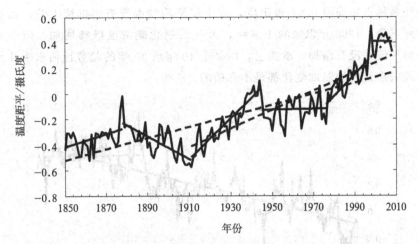

图 3-3　1850～2008 年逐年全球平均气温（相对 1961～1990 年）的距平序列

资料来源：钱维宏等. 全球平均温度在 21 世纪将怎样变化? 科学通报，2010, 55 (16)：1532-1537

实直线指示 5 个年代时段的趋势，1850～1878 年，1878～1911 年，1911～1944 年，1944～1976 年和 1976～1998 年每十年趋势分别是：0.051 摄氏度，－0.088 摄氏度，0.160 摄氏度，0.003 摄氏度和 0.175 摄氏度；虚线指示 1850～2008 年，1911～2008 年和 1976～2008 年三个时间段的每百年增温趋势 0.44 摄氏度，0.73 摄氏度和 1.70 摄氏度

台和冷低谷是叠加在更长周期性温度变化上的现象。这种 60～70 年的气候周期性变化不但存在于全球的气温变化中，也广泛存在于区域的气温和降水变化中。我国的气温和东部的季风区干湿也有这样的周期性变化。

清朝康熙皇帝的实录《清实录·圣祖仁皇帝实录》中有一则 1717 年 6 月的活动记载："天时地气亦有转移……从前（1671 年以前），黑龙江地方冰冻有厚至八尺者，今却和暖，不似从前。又闻福建地方向来无雪，自本朝大兵到彼，然后有雪。"这段记载给我们留下了三条有用的信息。一是根据当时的通信条件，描述的一南一北的气候异常是发生在冬春季节。二是黑龙江冬春特别的暖，而福建异常的冷，属于区域极端气候事件。三是黑龙江的冬春气温比 40 年前暖很多，这是几十年尺度的气候变化。

此外，全球平均气温还有十年尺度的周期变化。1976 年是 20 世纪后期全球平均气温最低的一年。从 1975～2008 年，月平均的全球气温总趋势是每十年变暖 0.168 摄氏度（图 3-4）。这一时段内的气温变化有十年尺度的振荡或波动。1998 年是过去 34 年来全球平均气温最高的一年，而 2008 年是 1998 年以来全球平均气温最低的一年。1998～2008 年的 11 年趋势是每十年降温 0.01 摄氏度，近十年平均气温没有再继续上升，而是有所下降。1998 年以来的十多年，大气二氧化碳浓度继续增加，但全球平均气温并没有增加。事实上，用某个 10 年或 30 年的趋势预估未来几十年或未来百年的温度变化都是不合适的。

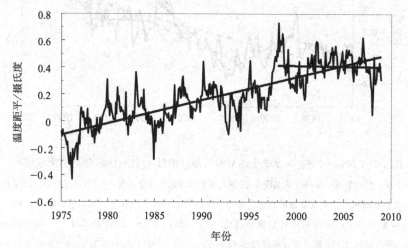

图 3-4　1975～2008 年月平均全球温度（相对 1961～1990 年）的距平序列

资料来源：同图 3-3

两条实线分别指示 1975～2008 年趋势（0.17 摄氏度/十年）和 1998～2008 年趋势

（−0.01 摄氏度/十年）

人们把年与年之间的气温变化称为气温年际变化，相邻两个十年之间的气温变化称为气温十年际变化，几十年的气温变化称为气温年代际变化。这些气温变化称为不同时间尺度的气温波动。全球气温变化表现有年际、十年际和年代际的三个时间尺度波动。十年的气温波动中包含了 5 年变暖和 5 年降温。十年气温波动叠加在更长时间尺度波动上。

从月气温的年际变化上看（图 3-4），它的变幅比用年气温资料描述的气温几十年变化（图 3-3）还大。前者在 2～3 年内气温变化了 0.6 摄氏度（图 3-4）。对后者，在 20～30 年中气温变化了 0.5 摄氏度（图 3-3）。历史上，年与年之间气温变化幅度为 0.6 摄氏度的现象很多，并没有引起太多关注和争论，人们习以为常，也相信是海洋所为。对 20 世纪六七十年代的全球平均气温偏低和近 20～30 年全球平均气温偏高，人们感到不安，也难怪资料太短，经历不多。从这些时间尺度的气温变化分析看，人们关注的和科学界有争论的气候变化，很多时候是指几十年的气温变化。

气温在即将进入或退出一个平台期时会出现更短时间的涨落,可看作一个早期信号。2008 年以来北半球不断发生的大范围雨雪、冰冻天气过程也可能是全球平均气温要退出暖平台的前兆。再比如,北京地处北半球温带地区。太阳直接辐射最强的时间在夏至 6 月 21 日左右,但多年平均北京的最高气温在 7 月月底,比太阳最强辐射的时间滞后 39 天。北京多年平均最低气温出现在 1 月 19 日,比太阳最少直接辐射日晚了 27 天。这个时差可用能量收支平衡的原理解释,当太阳辐射到北京当地弱到一定程度时,气温才能下降。当然,海洋对区域气温也有调节作用。以 2006 年为例(图 3-5),北京的逐日气温是围绕多年平均气候温度变化的。北京最低气温的气候年较差是 32 摄氏度,最低温度零下 8.4 摄氏度出现在 1 月 19 日,最高温度 23.6 摄氏度出现在 7 月 30 日。2006 年气温围绕气候变化的偏差反映了天气波动的影响。冬季的明显降温是受寒潮影响。夏季的升温受到热浪的影响。寒潮和热浪,相邻 1～2 日的温差可以达到 8～10 摄氏度。在夏季气候暖平台出现之前,逐日气温表现为波动式上升。在快要进入暖平台的时候会出现一次明显的天气尺度升温。反过来说,一次暖的天气尺度扰动后,气温就进入了气候暖平台时期。在暖平台的后期,一次冷空气活动预示着气候暖平台将要结束。把北京气温变化的气候暖平台与全球气温变化的暖平台作这样的比较,也许有相似之处,它们只是起源于不同的强迫,形成不同的波动。

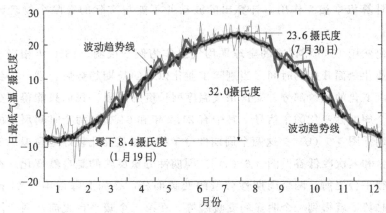

图 3-5 北京 2006 年的逐日观测夜间最低气温(细线)
相对多年气候最低气温(粗线)的变化

第七节 气温走势解剖

在地球上,海洋和大气是流体。流体中有波动的传播。一个平静的池塘中,先后在不同地点投掷几颗石头,会出现很多的水波,波高是所有这些石头激发波动的叠加结果。如果投掷石头是周期性的,那么波动也应该是周期性的。测量的波高随时间的变化是由多个周期性波高叠加形成的。而在研究波动时,我们的任务是要从已测得的时间序列中分解出那些周期性的波高。

同样,一个地区记录的长期气温变化,或者全球的长期气温变化也是由多个强迫引起的。这些强迫源,包括太阳辐射的周期性变化,火山活动的非周期性变化等。观测到的气温时间序列中就包含来自各种自然强迫形成的波动,也包含测量误差和其他的影响。这些有物理意义的波动,或周期性波动个数是有限的。我们可以把测量到的百年气温序列用数学方法分解成无穷的波。这些无穷波动中很多波动可能没有物理意义。现代的短期天气预报模型和气候预测模型,可以把观测到的气象要素分解成大量的满足数学分解的波动。如果这些波动没有物理意义,那么在计算机中相互作用,计算出的波动并不能与实际的有限个物理波动对应。

仍然用1850年以来的全球平均气温作为例子说明。1850年相当于西方工业化全面开始的时间。当剔除工业化以来的长期趋势后,就可得到全球温度变化的偏差部分。受这条气温序列长度的局限,我们只能得到少数的几个周期性变化的主信号。其中有21.2年和64.1年两个时间尺度的变化周期〔图3-6(b)〕。这两个周期性分量的叠加就能比较好地模拟出三次暖平台和两次冷低谷〔图3-6(a)〕。周期性分量反映的是自然变化。在第一个暖平台之前,两个周期性分量的变暖部分,叠加上每百年0.44摄氏度的趋势,就得到一个明显的变暖趋势。在第二个暖平台之前,两个周期性变暖,叠加上每百年0.44摄氏度的趋势和每百年0.73摄氏度的趋势,就得到一个更明显的变暖趋势。第三个暖平台也是变暖趋势和周期性变暖分量叠加的结果。可见,工业化以来的全球平均温度曲线中,除了21.2

年和 64.1 年两个尺度周期性分量外，还应该有百年和几百年尺度的周期
性变化分量。

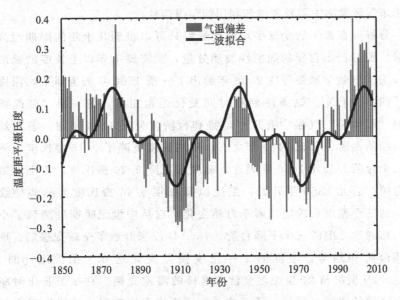

(a) 气温偏差和二波拟合

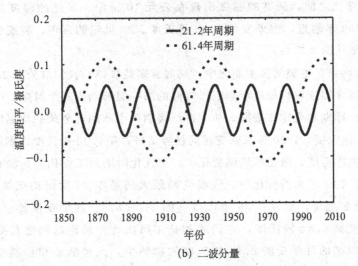

(b) 二波分量

图 3-6　剔除长期气温变化趋势后的逐年气温变化（柱状线）及其两个
自然周期性波动分量叠加的模拟（a）和两个周期性波动分量（21.1 年
和 64.1 年）随时间的变化（b）

资料来源：同图 3-3

这种周期性分解说明,全球平均气温变化中的暖平台和冷低谷是一些自然温度变化波动的叠加。这种周期性分量,过去有,将来还会出现。这是未来气候预测中需要考虑和利用的预报信息。

分析一百多年的全球平均温度资料只可以得到几十年的周期性波动分量。要分析出百年的周期性波动分量,就需要千年以上长度的温度资料。美国气候学家曼等在2008年给出了一条1500年的全球平均温度序列[图3-7(a)]。这条序列随时间变化歪歪扭扭,像一根"湿面条"。这根"湿面条"气温中有几个走势和台阶。公元1100年前,温度站在一个高的台阶。公元1100年之后,平均温度下降了0.18摄氏度,下到第二个台阶。公元1450年附近,温度又下降0.20摄氏度,再下到第三个台阶。公元1850年开始,温度以每百年0.44摄氏度的趋势持续爬升。前三个温度台阶应该属于自然变化,它从中世纪暖期过渡到了小冰期。相对这之前的三个下降台阶,1850年以来开始了全球变暖期。剔除这些台阶和趋势,温度的十年尺度偏差变化达0.3摄氏度[图3-7(b)]。20世纪与21世纪之交就有这样的温差变幅。它在工业化时期前也有这样的变幅。可见,最近的0.3摄氏度温度变暖也可能属于自然变化。工业化之前,最高的温度出现在公元10世纪,最低的温度出现在公元1700年附近,温差变幅0.86摄氏度。20世纪的百年,温度变幅是1摄氏度[图3-7(a)]。

"湿面条"走势的温度变化中,到底有哪些规律?我们取公元1000年以来的逐年温度序列做层层解剖。气温的第一层解剖为三个时期:中世纪暖期、小冰期和全球变暖期。从中世纪暖期到小冰期,全球平均温度下降了0.24摄氏度,1850年以来变暖的趋势是每百年0.44摄氏度。剔除三个时期的基本温度,余留的气温变化中,工业化时期与工业化前并没有明显的不同。在千年来的变化中,气温变幅最大的是在20世纪初至20世纪与21世纪之交,变幅0.56摄氏度[图3-7(b)]。这个变幅加上20世纪百年变暖0.44摄氏度,它们的和是1摄氏度。余留的问题是要解释工业化以来的百年变暖0.44摄氏度的趋势中,人类活动和自然变化各占的比例是多少?土地利用和城市化发展会对近百年来观测的气温变化有贡献,这是我们需要继续具体分析的问题。

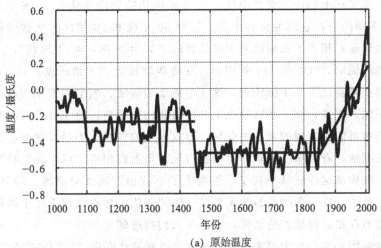

(a) 原始温度

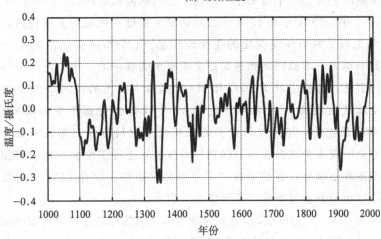

(b) 偏差温度

图 3-7 1000～2008（相对 1961～1990）年"湿面条"形温度距平序列

资料来源：钱维宏，陆波．千年全球气温中的周期性变化及其成因．科学通报．2010

(a) 温度距平序列，直线指示三个时期温度平均或温度趋势；(b) 剔除三个时期趋势后的

温度偏差序列

在解剖了第一层次的气温变化后，余留的气温序列中仍然含有多个时间层次的变化。在千年的气温变化中，工业化前后都存在十年尺度的波动。这些时冷、时热的波动是自然的变化。

经过层层解剖，气温变化主信号中还有 21.1 年、62.5 年、116 年和 194.6 四个层次的周期性变化［图 3-8 (a)］。21 年周期的气温变化，相当

于有十年暖和十年冷的交替出现。62.5 年周期的气温变化有 30 多年的暖和 30 多年的冷，它们也交替出现。这种 30 年暖和 30 年冷的气候变化现象比较普遍，相当于长期以来中国流传的"30 年河东，30 年河西"，风水轮流转的说法。气温的 116 年周期，变化幅度接近 0.1 摄氏度，194.6 年的周期变幅超过了 0.1 摄氏度。这 4 个周期的幅度、频率和变化的最初相位都不同。于是，在一些时间点上它们可能相互抵消，而在另外的时间点上它们有可能发生暖的或冷的叠加，形成异常的气候。不同尺度波动叠加后相互抵消，看似单一的规律暂时被打乱。当人们相信"风水轮流转"的时候，气候被这些波动干扰了。但当人们不相信"风水轮流转"的时候，它又出现了。在一个时段检测不到某一周期变化，并不意味着那个周期就消失或不存在。自然就是这样，不断与人们捉迷藏。

考察图 3-8（a）中过去千年的这 4 个周期波动发现，它们依次在 2002 年、1998 年、1994 年和 1998 年分别达到了最近一次暖的温度峰值，其中 1998 年出现了两个周期变化的正相位相遇。4 个周期变化在 1994～2002 年不到十年内，增温同期相遇是过去千年来的唯一的一次，是"千年等一回"的事件。这就应对了 2001 年 IPCC 报告中指出的：20 世纪是过去千年来全球气候最暖的百年，20 世纪 90 年代是过去百年中最暖的十年，1998 年是最暖的一年。如果过去的千年气温资料可靠，那么未来的千年中也不会出现 4 个气温波动的同期相遇现象。这种多个波动在千年和世纪之交相遇真是缘分，容易形成"千年极热"事件。而在 1700 年附近几个波动冷位相的叠加可形成"千年极寒"事件。

20 世纪与 21 世纪之交以来的温度下降反映的正是这 4 个气温波动在近年来的同步下降。这种多尺度同步下降就形成了一个与变暖趋势不同的温度平台。既然是气温平台，说明这些年的气温是高的，近年内也不会马上降温到最低。用 4 个气温变化的波动叠加可以较好地模拟出 20 世纪最初 10 年和 20 世纪 70 年代的冷期，以及 20 世纪 40 年代和 21 世纪初的暖期。最近的这个暖平台是过去百年未见的，也是过去用千年没有的。"欲穷千里目，更上一层楼。"只有用千年气温资料，才能构造出这样的气温"楼阁"，看得更远。

需要指出的是，曼等在 2008 年发表的 1500 年温度序列，其原始资料来源是不同的。近一个半世纪温度信息主要来自观测，但在这之前，温度信息主要来自代用资料。代用温度资料的区域代表性和反映的环境意义也存在局限。使用代用资料分析古气候变化成为"不得不"采取的手段。前面代用资料与后来各种观测资料的对接问题，方法上也值得探讨。例如，工业化之前用代用资料，工业化以来用有人居住区的观测资料，而近 10 年又用包含北极的卫星观测资料，就不可避免地存在资料对接连续性的问题。

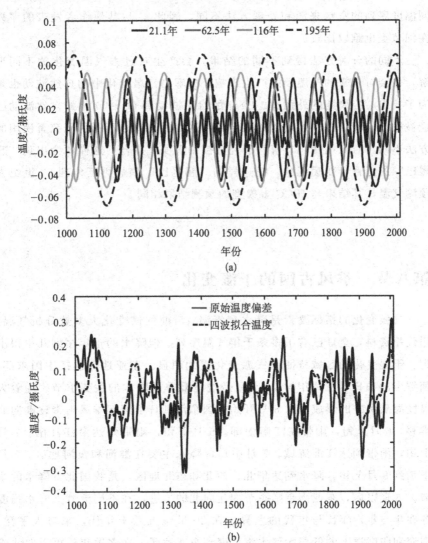

图 3-8　千年温度变化中的四个独立波动（a）和四波叠加后的曲线［(b)图虚线］、

气温偏差曲线［(b)图实线]的比较

资料来源：同图 3-7

曼等在 1998 年和 1999 年分别发表的北半球过去千年气温序列有基本

相同的变化特征。"曲棍球杆"气温序列被 2001 年的 IPCC 报告引用后遭到一些气候学家们的批评。2008 年和 2009 年再次发表的两条过去近 2000 年气温序列有相似之处,是对 1998 年和 1999 年的气温序列的改进,但不同温度序列的资料来源和处理方法不同,因此,与其他作者发表的序列在细节上也难以比较。

不同的分解方法得到不同的结果,会产生对过去气温变化的不同理解,也会对未来的气温预测产生影响。分解出气温变化中的自然波动也是为了找出对应周期的外强迫。20 年的自然波动和 60～70 年的自然波动已经被很多人所认识。但对百年尺度的气温自然波动,不同的研究者使用的方法不同。对长期变化,有些研究直接用多项式拟合。这样就会出现"翘尾巴"的近百年变暖现象。把这样的"翘尾巴"趋势再延伸到 21 世纪去预测气温,其结果与 IPCC 多模型的预测结果相同。

第八节　季风古国的干湿变化

气候变化的指标要素是降水和气温。目前气候变化大多数分析气温。用代用资料,全球已有了多条千年气温序列。但降水的千年序列几乎得不到。干湿变化的区域特征比气温变化更加明显。东亚地区包括中国东部,朝鲜半岛和日本。每年的 5～9 月是这里夏季风降水的主要季节。随着大尺度海陆温差的形成,从 5 月开始中国东部到日本南部季风雨带逐渐向北推移。6 月上旬,雨带在江南中部。6 月下旬,雨带到达沿江江南。7 月上旬,雨带到达江淮流域。7 月中旬,降水主要在淮河和黄河地区。7 月下旬到 8 月上旬,降水到达华北、西北和东北地区,是我国北方降水的季节。入夏以后,东亚雨带随季节变化向北的推进,在不同流域上降水强度存在年与年,年代与年代的差异。在 20 世纪五六十年代,来自太平洋、南海和印度洋上的低层大气水汽汇聚到东亚地区,在多数年份可以向北输送到华北、中国东北和日本地区。那时,中国北方多数年份的夏季降水偏多,而长江中下游多数年份夏季降水偏少。20 世纪 70 年代之后,东亚夏季风逐渐减弱,90 年代低层大气的夏季风水汽输送,多数年份集中在华南沿海。于是,长江以北多数年份夏季降水偏少,而长江中下游以南地区多数年份夏季降水偏多。在季风气流水汽输送能够到达并停滞于长江流域的那些年份，如80年代和1998年，夏季风降水主要集中在长江中下游地区，而华南和华北地区降水偏少。

中国东部地区各地古代地方志有过去千年的干湿（旱涝）文字记载。由分布于各地的每年的干湿记载，人们可以勾画出当年的干湿区域分布型来。由每年干湿（旱涝）分布的相对位置就可以得到与东亚夏季风强弱有联系的降水分布。北京大学王绍武教授就绘制过从公元950～1980年的逐年干湿型分布图。利用这套干湿型图和近60年中国夏季降水量分布就可得到一条公元950～2008年的东亚夏季风强弱千年指数序列（图3-9）。指数序列中，负值表示季风弱，东亚夏季风水汽主要输送到江南地区，对应江南地区降水偏多，而长江以北夏季降水偏少。季风指数在零值附近，表示东亚夏季水汽可以输送到长江流域，对应长江中下游夏季降水偏多，而华南和华北降水偏少。季风指数正的值大，表示东亚季风气流的水汽输送可以到达东亚的北方地区，从中国东北南部到华北和长江上游地区夏季降水偏多，而长江中下游夏季降水偏少。所以，东亚夏季风气流的强弱，决定了中国东部地区，甚至东亚地区南北方干湿的分布。

过去的千年中，公元1200年前后季风最弱，此外还有17世纪上半叶和20世纪20年代后期到30年代季风偏弱。公元1200年前后的东亚季风减弱与北方冷空气强盛导致了青藏高原以北和以东地区的长期干旱。就在这一时期，蒙古帝国形成了。20世纪20年代后期季风偏弱，我国黄河流域持续多年干旱，引起蝗虫泛滥，庄稼无收，持续饥荒。最近20多年，东亚夏季风再次减弱，北方持续偏干，1992～1997年黄河出现了长时间的断流。而19世纪后期东亚夏季风是近200多年来最强的。检测发现，千年东亚季风强弱有10.1年、23.2年、67年和百年尺度的阶段性周期变化。最近的季风减弱主要受到67年周期变化的影响，也反映了东亚夏季大尺度海陆温差的年代际减小趋势。按照年代际的变化规律，东亚夏季风将会在21世纪30年代达到最强，届时，东亚北方将面临降水增多的趋势。

我国气候界对东亚夏季风的降水研究得比较多。夏季降水研究主要集中于华北、长江中下游和华南这三个地区。多数年份，中国东部的降水呈现常见的降水空间分布形态。当长江中下游多降水的时候，华北和华南降水偏少。反之，长江中下游降水少年，南北部分降水偏多。我国气候预报人员非常注重这种汛期降水形态的分布及其变化。1998年长江大水，北方黄河和南方华南降水就相对少。这年我国的夏季降水预报是成功的,但没有估计到有那么严重。从过去千年的夏季风强度演变看,目前夏季风正处于几十年弱的低谷,对应华南夏季多降水。

研究人员所说的"南涝北旱"向"北涝南旱"的转变就是夏季风强度和降水多少在我国东部南北分布的几十年变化趋势。20世纪五六十年代,夏季风总体偏强,季风指数曲线爬升在零线的上方。但这段时期也有个别年份为弱季风年。所以,"南涝北旱"是一个年代总体情况。在这几十年中,南方涝的次数比另一个几十年多,北方干旱的次数也比另一个时段多,不是指的南方持续整整十年的特大雨涝和北方持续不断的年年干旱。为了避免用词误会,用"南湿北干"和"北湿南干"说明一个时期总体降水偏多和偏少,或用"相对湿和相对干"的用语,更为合适。从图3-9中60~70年的周期性演变过程估计,南方这么多年来的湿期该到了逐渐转干期的时候了。但哪一年转变并不容易确定。

2009年秋季到2010年冬春季的西南连续干旱,在时间和地点上都不能与东亚夏季风降水(旱涝)混为一谈。我国西南地区不同季节的气候变化和华南地区的气候变化是不同的。从这个例子也可以看到,依据发表的科学文献做出气候变化的评估也不是一件容易的事,正所谓"仁者见仁,智者见智"。对同一个地区的气候变化,不同作者取用的资料站点不同,资料时间长度不同,采取的分析方法不同,得到的结论就可能不同。这些不同,说明气候变化的研究中需要标准化。科技论文很多,评估者引用不同的文章,可能会得到不同的评估结果。这给气候评估带来了相当的不确定性。

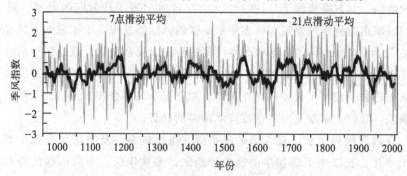

图3-9 公元950~2008年东亚夏季风强弱指数7点滑动平均
和21点滑动平均序列

数字越大表示季风越强,对应北方降水偏多;反之数字越小表示季风越弱,对应南方降水多

第九节　地球的脉搏——地震活跃期和平静期

　　现代分布于全球的地震探测仪能够记录到覆盖全球的地震波。这些观测布点，从某种程度上是"冷战"时期带来的成果。在苏联与美国对抗的"冷战"时期，美国在不同地方部署了一些地震观测点，可以监测苏联的地下核试验，当然也记录了地球上发生的所有自然地震。世界上最早的地震仪是中国东汉时期的张衡（公元78～139年）发明的。这台在京城洛阳制作的地震仪叫"候风地动仪"。它可以测量到地震发生的时间和方位。张衡还发明了大型天文仪器——"水运浑象仪"和气象测风仪——"相风铜鸟"。他计算的圆周率也比印度和阿拉伯的数学家计算的时间早500年[①]。

　　地球上，每天出现4～5级地震是正常的。这类地震就像地球上下雷雨一样普遍。对很多的雷雨和地震，人们不知道发生在哪里而已。但卫星和雷达可以观测到雷雨发生的时间、地点和强度。现代地震仪也可以测量到地震发生的时间、地点和强度级别。1975～1977年全球先后发生了7次、4次和5次7.5级以上的地震。2007～2009年全球7.5级以上地震先后达到10次、2次和8次。这是1980年以来地震发生最多的时段。1986～1988年没有7.5级以上的地震。在7.5级以上地震序列中，这两个3年（1975～1977年和2007～2009年）正好是两次年代高频强震的中心时段。发生在我国唐山的1976年强烈地震和2008年汶川强烈地震都发生在这两个3年峰值期中。地震是偶然的，但在这一时间序列中的变化又有其必然性。这种必然性可能反映了地球内部大尺度地幔水平运动能量变化的规律性。

　　地幔水平运动能量的波动性可以从连续的地震强度变化序列中得到反映。强度大的地震都发生在一段集中的时期。在大气中，强对流天气的发生有三个基本的特性。一是，对流发生前，大尺度大气水平运动有一个比对流发生时间长十几倍到几十倍的前期能量的积累过程。二是，对流发生

---

　　① 纪江红. 中国少年儿童百科全书——科学·技术. 杭州：浙江教育出版社，2007

是局地的和迅猛爆发的事件。三是，对流是释放大气中能量的过程，所以对流可能在未来的几小时到十几小时内位置发生移动。在地壳和地幔的水平运动中，地震发生的前后也可能会有三个基本的特性。一是，地震发生前也会有地幔大尺度的和长于几天到几十天的水平运动，但不像在大气中那样容易测量。二是，地震发生也是局地的和迅猛的爆发性事件。三是，强地震后多在相同的或附近地区发生余震。强对流天气和强地震有一些共同的方面，它们会集中发生在确定的地区。强对流和强地震活动的规律性随大尺度大气运动场和大尺度地幔运动场的变化而变化。

在地球的不同圈层相互作用关系中，目前研究得最多的是海洋与大气之间的相互作用。海洋和大气不但有双向的相互作用，还有复杂的反馈过程，有多个时间尺度和多个变量在反馈中相互助长或抵消。近年来，气候异常事件、海洋异常事件和地震、火山活动事件，有群发的倾向。地下岩浆活动与海洋之间有没有作用与反馈，是否与这些群发性灾害事件有联系，尚不清楚。

第四章

万物有成理

　　千奇百怪的大自然，吸引人们不断地对它进行探索，认识各种现象，并揭示现象背后的因由。"万物有成理"，就是要通过现象分析、找到不同现象之间的因果关系。"万物生长靠太阳"，太阳是万物生长的必要条件。"离离原上草，一岁一枯荣"，反映了自然生态对太阳辐射季节变化的直接响应。二氧化碳浓度也有周年循环的季节变化，它不是对太阳辐射的直接响应，而是对"一岁一枯荣"生态变化的直接响应，当然，最终原因还是要归结到太阳辐射的变化。在纷繁复杂的大自然中，要正确解析事物之间的因果关系，比认识大自然的美更难，比分解明法更曲折。我们如何从复杂的自然现象中分辨万物之间的成理呢？

第一节　理论与方法

理论是用来解释现象的，方法是用来解决问题的。针对同一个现象，分析问题的角度不同，得出的结果也会不同。对同一个现象的解释，理论越多，争议越大，只能说明，这些理论中真正的理论可能还没有出现。

理论解释现象是要认识，什么样的因，经过怎样的作用过程，导致了这样的结果或者现象。新现象往往使人产生兴趣，新奇的理论和观念也会让人兴奋不已。对新现象感兴趣值得鼓励，对外界没有兴趣就不会找到需要研究的问题。但对新奇理论和新奇观念不能全盘接受和认同，而需要"思考"和"甄别"，也需要对多个理论和观念进行综合、比较和分类。也许，几个理论与观念的互补会形成比较客观的新理论，或引发新思考，这也是科学研究过程中的可取方法。如果到最后只有两个相互竞争的理论了，也不能断定其中有一个理论是对的，或各占一半是正确的。这时需要更多的观测事实来证明。经验告诉人们，新的事实往往会同时否定两个或多个同时存在的理论。真理和事实只能有一个，竞争的理论不能同时成立。竞争中的理论，不能选择其一并被暂时接受，因为接受者是会采取行动的，也是有风险的。

大自然中，万千事物的位置和形态是随时间变化的。地球在太阳系中的位置，太阳系在银河系中的位置，银河系在宇宙中的位置都是变化的。"静止是相对的，变化是绝对的"，世界上没有不变化的事物，只是变化的程度不同而已。既然所有事物都在变，那么一种新现象就可能与正在变化中的其他现象有关。因而，揭示事物之间的因果关系，就要找到它们之间直接的关系。没有火车头的牵引的火车车厢不会向前行驶，这就是力的直接作用驱使。当信号灯告诉你前面有危险时，你回头了，那是信息对你的直接作用。所以，因果关系是要从众多的力和信息中"去伪存真，去粗取精"，得到几个重要的有直接物理关系的因素。

短期变化的现象往往与邻近的因素有关。长期的变化现象往往与较远的系统外的因素有关，与大背景的演变有关。引力就是对宇宙大背景场的反映。气候在长时间尺度上的变化受到系统外的强迫作用。有些自然现象要得到解释，首先要扩展思路，提高眼界。正像明代哲学家王阳明的少年诗作所指："山近月远觉月小，便道此山大于月，若人有眼大如天，还见山小月更阔。"

不同现象之间的因果关系，往往表现出先后关系：原因通常在前，结果通常在后，当然也可以同时，比如两个质点通过力的直接作用。为什么有这样的先后关系，附录 C 中有一个理论上的解释。因果之间的时差有多长，取决于它们之间的作用关系属性。

第二节　大气中的温室气体和气溶胶

"万物生长靠太阳"。地表在吸收太阳短波辐射后，温度上升，并以长波辐射的形式把能量重新释放到大气和空间。现在地球上的空气，除了水汽外，主要由氮气（78.1％）、氧气（20.9％）和氩气（0.93％）组成。太阳入射能够自由地穿透这些气体，而不被吸收。然而，有些微量气体，像臭氧、二氧化碳、氧化亚氮、甲烷、氢氟氯碳化合物、全氟碳化合物，以及六氟化硫等，能够吸收和放射长波辐射，这些气体通常被称为温室气体。它们占大气的体积还不到 0.1％。大气中包含水汽，它也是自然的温室气体。水汽的总量不超过所有气体的 1％，但它比其他的温室气体总量大十倍。这些温室气体吸收了地球表面辐射出的长波辐射并向外（空）和向下（地球）放射长波辐射，结果导致气温升高，形成"温室效应"。如果没有温室效应，地球表面的平均气温将会下降到零下 23 摄氏度，而不是现在的平均温度 14 摄氏度左右。此外，水汽、二氧化碳和臭氧也吸收短波辐射。

早在 1863 年，英国物理学和地质学家廷德尔（1820～1893）提出氧气和氮气可以传递热，而水蒸气、二氧化碳和臭氧几乎是不传导的。他得出的惊人结论是：地球大气层中最普通的水蒸气如此高效地吸收热，肯定能够调节地球表面的温度。没有它，地球将非常寒冷。

不同气体对短波和长波的吸收是有选择性的。地球表面放射的辐射波长范围为 4～120 微米，属于长波辐射，其中辐射最强的在波长 9.7 微米附近。在水汽和二氧化碳这两种温室气体中,水汽的吸收波段要大大宽于二氧化碳。除了在 4 微米和 15 微米附近水汽的吸收能力低于二氧化碳外,几乎在 4 微米以上的所有波段,水汽吸收长波辐射的能力都超过二氧化碳。在 17 微米以上,二氧化碳不吸收长波辐射,主要是水汽在起作用。

2008 年的大气二氧化碳的体积浓度达到 385ppm[①],而水汽在大气中的浓度是二氧化碳体积浓度的 26 倍左右。大气水汽体积浓度具有全球性的变化,更有区域性的变化,水汽作为温室气体所起的作用也有多种时间尺度的变化。我国北方大气中水汽含量比南方少,北方日温差比南方大,北方的瓜果也就比南方的甜。这也是温室效应影响的不同结果。人类活动对自然的影响最大的是土地利用和对水循环的改变。这两者会大大影响水汽的温室效应。同时,水汽还会发生固态、液态和气态之间的相态变化,在变化过程中释放热量,或吸收热量。与热有关的温室效应是一个非常复杂的问题。在实验室里,二氧化碳的温室效应是一个事实。但到了自然的大气中,二氧化碳的温室效应与水汽的温室效应,它们的作用各占怎样的比重,定性的结果能够估计。科学实验的成果依赖于实验室的数据检验。但人们没有办法把地球系统,哪怕把海洋,地球生物,或者大气装进实验室进行检验,得到它们之间的综合作用结果。

人们喜爱蔚蓝的一尘不染的天空,然而大气中悬浮颗粒——气溶胶却能让天空变得迷茫。气溶胶可分为人为气溶胶和自然气溶胶。人为气溶胶是指人类活动释放的部分,包括煤炭燃烧中的粉尘,工业活动中的粉尘等,在人口众多的地区最为严重。自然气溶胶中,最典型的是沙尘气溶胶。蒙古地区爆发的沙尘暴、扬沙气溶胶可以漂浮到对流层的上部,影响到太平洋地区。在 20 世纪六七十年代,长江下游地区春季常常看到黄色的天空,那是我国北方沙尘暴频繁活动的年代。沙尘暴的多少依赖于微观条件和宏观条件。微观条件是冬季冷,开春后有利于冻结的土壤风化成微小的颗粒。宏观条件是要有起沙的机制,把沙子从地面吹起来。那个年代,北方冷,南北温差大,有利于大气中扰动的形成和发展。在大气中,自然引起的气溶胶和人类排放的气溶胶都会改变到达地面的太阳辐射,并改变气温。目前的研究表明,气溶胶对地面温度主要起降温作用。

---

① 即百万分之一体积浓度

第三节　地磁倒转与海底扩张

　　大气中雷暴云中的相对运动和温差可以形成放电现象和雷声。这是大气运动的放电现象，人可感知。地球有一个含铁多的地核，被一圈层的岩浆流体覆盖。固体地球的最外层是地壳。如果岩浆圈层相对地核有运动，也就构成了一个发电机。北极光是地球磁场对太阳风暴影响的反映。指南针反映了岩浆圈层相对地核的运动。指南针并不指向地球的地理南极，而是指向地球磁场的南极。如果指南针方向反了，则对应着岩浆相对地核旋转方向的改变。如果指南针乱指方向，则表明岩浆圈层与地核之间没有了稳定的相对运动。

　　如果有一个和地球同龄的指南针，那么它的指针已经发生了多次方向反转的变化。从稳定指向南，经过乱指方向后，再建立稳定的指向北，或反过来的变化。指南针方向性转变（或"地磁场极性倒转"）反映了岩浆圈层和地核的相对运动。地球上最古老的周期性记录就是地磁场极性的周期性倒转现象。大洋中脊上冒出高温岩浆，不断形成新洋壳，也记录了当时的地磁场的极性方向。

　　地磁场极性方向周期性倒转的现象极大地支持了海底扩张学说。1963年 F.J. 瓦因和 D.H. 马修斯对印度洋卡尔斯伯格中脊和北大西洋中脊上的磁异常作了分析发现，平行于洋中脊的延伸方向，洋中脊两侧地磁方向对称排列，正负相间，其顺序与地磁反向年表一致。离洋中脊愈远洋底岩石的年龄愈古老，而洋底岩石所具有的地磁异常条带因顺序相同而具有全球可对比性。这好像说明了洋底是从洋中脊向外扩展而成，反映的是表面现象，而非本来面目。

　　在地球地质演化的早期，地壳、岩浆圈层和地核构成的圈层系统中，岩浆圈层发生相对地核的运动，就相当于一台发电机，产生电场和磁场。地幔（岩浆圈层）相对地核旋转方向相反，磁场方向也相反。地壳（洋中脊）上火山喷出的岩浆冷却后就记录下了当时磁场方向。随着新的洋中脊上发生火山活动，有新的磁场记录出现，老的磁化了的岩石在重力下移向两侧。这就形成了相对洋中脊方向平行的两侧地磁场条带。所以，洋中脊上地磁条带记载的不是大陆漂移，而是大陆漂移结束后，地核与地幔的相对运动。但至今不清楚的是，沿洋中脊的热量释放会形成怎样的热力差异，对海洋环流和大气环流具有怎样的影响。未来地球磁场极性方向还会以减幅增频的形式发生倒转，洋中脊上仍然会有火山喷发并记录下地磁场极性的变化，但大陆不再分裂和漂移了。

大气中有一条环球的赤道辐合带和位于高纬度地区的两个涡旋。赤道辐合带并不正好沿地球旋转的赤道，高纬度极地大气运动的涡旋中心位置也不在南北两极。大气以水平运动为主，但又不完全与纬线平行，这些偏移是因为受到海陆分布和山脉地形的影响。同样，地壳上的山有多高，地壳下的根就有多深。在地壳的外面是海洋和大气流体，在地壳的内部是岩浆流体。早期的岩浆流体运动也受到地壳与岩浆之间地形的影响，岩浆运动的赤道辐合带偏移地球旋转赤道，岩浆运动的两个极地涡旋中心也不在南北两极。于是，地核和地幔的相对运动形成的地磁极位置也在变化。地球磁场不但有磁极方向的倒转，也有地磁场强度的变化。根据地球发电机原理，地磁场强弱，反映的是地幔与地核之间的相对运动大小。

第四节　地球生物演化的成理

岩浆圈层与地核之间发生的相对运动驱动了大陆地壳的分裂、漂移和地球磁极的倒转。地球经历了大陆漂移的平息期和大陆漂移期。大陆漂移期气温很高，大陆漂移平息期气温比较低且稳定，适宜动植物繁衍生息，给地球留下了古气候环境下的化石资源。

在两极大陆发生漂移前，海洋位于地壳外的旋转赤道附近，两条海岸带大致沿南、北回归线。早期的海洋以淡水为主。太阳往复年循环直射南、北回归线之间，这也是海洋覆盖的地带。最初级的海洋植物和副热带地区的陆地植物大量繁生。现代青藏高原的南边缘就在当时的北半球海岸带附近。大气运动的赤道辐合带随着季节变化，形成了南北半球比较窄的季风气候带。在季风气候带外侧，大致沿南、北纬 30 度附近，有环绕全球的干旱沙漠带。大陆漂移前，格陵兰岛的南部地区和现代南极洲靠近澳大利亚的部分就分别位于南、北半球的两个季风带上。在季风区内，初级海洋和陆生植物茂盛，是高品质煤成矿的源地。

在后来的多次大陆板块来回漂移的平息阶段，新的生物品种不断诞生，微生物和动植物也开始出现。大陆再次漂移又形成了煤炭和石油矿藏。在后来生成的矿藏中有生物残骸，煤炭的品质比早先的低。所以大陆漂移平息期是植物和生物繁殖的时期，而大陆漂移时期是植物和动物经受磨难，甚至灭绝的时期，也是矿藏形成的时期。地球上季风带的形成与太阳辐射的季节变化有着直接的关系，但也受到大陆漂移和造山运动的影响，从而在局部地区发生了位置变化。随着南北半球大陆漂移到达亚洲南部边缘，并形成青藏高原，高原周围季风区的范围就有很大的扩展。

大陆板块发生漂移对生物有什么影响？打个比方，当渤海结冰时，人们看不到冰下的海流。一旦海冰因相对漂移而断裂，流动的海水就呈现在眼前了。每一次的大陆板块发生相对漂移，高温岩浆大面积暴露在板块之间，岩浆加热大气使气温异常升高，海水汽化，热浪席卷全球。大量的植物和动物，也包括恐龙，因为忍受不了高温炽热而惨遭灭绝，最后仅在地球上留下了动物化石残骸。地球历史的早期，随着大陆多次的来回漂移，大型动物，如恐龙的出现与灭绝，可能不止一次。大陆漂移和岩浆暴露是全球性的，它的灾难性后果会远远大于宇宙陨石可能对地球的袭击。后者是局地性的偶然事件，而前者和恐龙灭绝是全球性的必然事件。

地球地质演化45亿年以来，地球温度不断下降，地壳增厚，火山活动频次长期减少，地质灾害也是长期减少的。随着地壳的增厚，自海沟形成后的相当长时间以来，地球不再发生大陆板块漂移了，气候环境趋向稳定，高等动物逐步诞生，并演化为人类。有证据表明，人类形成在大陆漂移和大型山脉形成之后的气候环境下。根据人的肤色，地球上的人最少可分成黄、白、黑三种，其中黄种人的祖先位于青藏高原的东侧，白种人的祖先位于青藏-伊朗高原的西北侧，而黑种人的祖先位于青藏-伊朗高原的西南侧。这三个地区的土壤不同，气候（日照、温度和降水）不同。因此，生物的起源与气候、环境有着密不可分的联系。

恐龙灭绝是地球生物史上的悬案。人类的祖先也是一个谜。非洲的猿是地球上最著名的，又有拟人像，因而会有人类的祖先与非洲猿联系起来的假说。在地球上，局地环境对早期新生命的开始是不可缺少的，环境也在生物进化中留下印记。一旦哪里环境满足，在哪个大陆上都可以形成人，而不是来自猿。人与其他动物不可比的不仅仅是人可以直立和有双足行走，而是人的基因与其他动物的根本不同。人的肤色作为一种遗传基因，记录下了人类早期的地理、气候环境信息。在人类有交通工具之前，青藏-伊朗高原成为这三种肤色人迁移的天然屏障。各地恐龙化石的发现可能说明，恐龙的诞生是全球性的，但有区域分布，而不是来自一个点。同样，人类诞生地也至少有三个地区，而不是来自一地。

第五节　地形改变季风　旋转改变天气

在最古老的两个极地大陆分裂并漂移到古赤道时，一个巨大的联合大陆，地质学家称为"冈瓦纳"大陆的中心位置就在青藏-伊朗高原附近。现在这里形成了全球地表面上最高，也是范围最大的高原，在冬季被称为为地球上的第三个极地。这是因为，在北半球冬季，高原冷却降温作用和北极相似，赤道与高原第三极地之间的温差加大。在北半球的夏季，高原表面受到的太阳辐射加热比同高度周围大气多，成为大气中的热源，与赤道相当。高大的高原地形又阻挡了西风气流的流动，使西风气流绕高原发生偏转。这样，在高原地形和高原冷暖热源的季节变化下，气流在西南亚分流，在东亚汇合。于是，高原的西侧仍然是沙漠或干旱地区。但在高原东侧，有从高原南侧来的暖湿气流，又有从高原北侧来的干冷气流。冷气流和暖气流就在长江流域地区汇合，形成了我国东部到日本的夏季多降水气候区。夏季的这个多降水区就是东亚季风区。

冬季高原北侧来的干冷气流强，降水少。从春季到夏季，来自印度洋和赤道太平洋的暖湿气流逐渐增强，并汇集到高原以东的东亚地区，而北方的干冷空气逐渐减弱。冷和暖气流交汇的位置随季节由南向北推进，也就形成了东亚季风雨带的向北推进。6月，雨带在江南，"梅实迎时雨，苍茫值晚春"。夏至后半个月，"三时已断黄梅雨，万里初来舶棹风"，7月月初雨带离开江南，东南季风盛行，把水汽输送到更北的位置。7月下旬到8月上旬，就是北方的"七下八上"，降水到了华北和东北。有的年份，季风降水也能到达黄河中上游，甚至最远到西北腹地。古诗中有"春风不度玉门关"，玉门关位于今甘肃省敦煌市境内。古代诗人的春风，就是今天气象学家说的季风，虽然春风难以越过玉门关，但古时候还是可以到达这里的。并且，现代观测降水也表明，季风降水可以到达玉门关，只是不常见。近几十年区域气候发生了变化，季风降水常常只到长安城（今西安市）。

在极地古大陆分裂漂移前，地球上没有山脉，而且地球自转速度很快。根据转盘试验，地球旋转越快，大气中的涡旋尺度越小，移动也越快。这些涡旋就是高气压系统和低气压系统。如果一个地区，今天受高气压系统影响是晴天，明天受低气压系统影响是雨天，长此以往，就是"风调雨顺"的气候。现代的地球上，有了高大的山脉，旋转速度又变慢，天气系统的尺度变大，移动减慢。天气系统范围增大，移动速度又变慢，在一个地区内，长时间受到暖湿气流的影响，天天下雨，而在另外的地区上受冷干气流长时间影响，天天晴天。干旱和雨涝就是因为稳定维持的大尺度天气系统，在不同地区同期发生的不同气候异常现象。从全球的大范围地区上看，一些旱涝事件的群发和旱涝事件的先后发生就与几个大尺度天气系统的稳定维持和缓慢移动有关。

第六节　气候变化滞后太阳辐射变化的成理

太阳直射北半球最北位置是北回归线，时间在每年的 6 月 21 日左右。这是太阳光照射北半球最多的时刻。在北半球，测量到的低层大气最高温度的时间是在八月月初，比太阳在北半球辐射最多的时间晚了一个多月。北半球夏季，南风把热带水汽输送到中高纬度地区产生降水。北半球南风扩展到最北位置的时间在八月月初，北半球平均降水到达最北位置的时间也在八月月初（图 4-1，见彩图 4）。由此可见，风到降水就到，但温度、风和降水都比太阳辐射在北半球达到最大值的时刻滞后一个多月。气象变量对太阳辐射的滞后反映了大气-海洋-陆地热含量在热量收支平衡中的热惯性。热（温度）和风是大气变量，它们的变化是太阳辐射作用的结果。在北半球，八月月初之前，季风向北的推进和八月月初之后向南的撤退速率是不一样的。向北推进缓慢，而向南撤退快速。

太阳活动周期，或称为太阳磁活动周期，是太阳黑子数及其他现象的

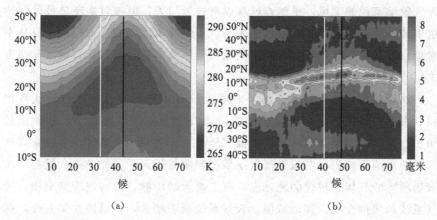

图 4-1 在环球纬圈上平均的低层大气温度 (a) 和降水 (b) 随季节 (候) 的变化 (彩图 4)

资料来源:同图 2-13

黄线指示太阳辐射在北半球最多的时间;蓝线指示温度和降水在北半球到达最北位置的时间

准周期变化。目前文献报道较多的有准 11 年和准 22 年的周期,太阳活动周期性变化会改变太阳辐射量的变化,它们会形成地球大气中的光学现象,如极光,甚至会改变气候。

　　研究发现,太阳活动和太阳辐射的准 11 年周期性变化在地球气温中也有反映。在这一周期上,太阳辐射的变化比全球气温变化早一年多[图 4-2 (a)]。在 22 年波动上,太阳辐射变化比地球气温变化早 2 年左右[图 4-2 (b)]。太阳辐射和全球温度还有百年尺度的波动。在百年尺度的波动上,太阳辐射量的变化也是超前全球平均温度变化的[图 4-2 (c)]。由此可见,在年代到百年时间尺度的波动上,全球平均气温的变化是太阳辐射变化驱动的。

　　德国天文学家斯庞尔 (1822~1895) 发现,尽管人类对太阳的研究很早就开始了,但在 1400~1520 年有关这方面的研究记录却出奇的少。这段时期后来被称为斯庞尔极小期。斯庞尔极小期又恰恰是地球上的小冰期。波罗的海在 1422~1423 年被完全冻结。蒙德尔发现的太阳黑子活动极小期是在 1645~1715 年。这 70 年中,人们观测到的太阳黑子数量还没有现在平均一年里看到的多。在 1645~1715 年,斯堪的纳维亚半岛上的居民连极光都很少看到,以至于偶尔一次的极光竟被当地人视为凶兆。达尔顿极小期的时间在 1795~1820 年。这期间地球转为寒冷性气候,其中的 1813 年欧洲感觉不到夏天。实际上,这三次太阳活动极小期都处于小冰期中的三个冷的时段。太阳活动的三个极小期和小冰期中的三个冷时段反映了百年尺度的外强迫与气候变化的因果关系。

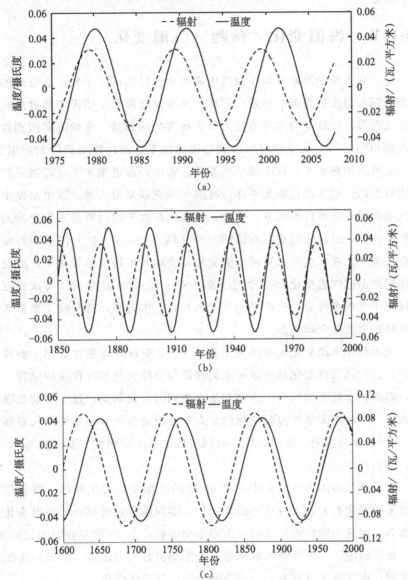

图 4-2 太阳辐射三个周期性分量与全球温度三个周期性分量变化关系的比较

资料来源：同图 3-7

其中虚线为太阳辐射，实线为温度变化的余弦函数序列（a）太阳周期 10 年，温度周期 10.7 年；（b）太阳周期 22 年，温度周期 21.2 年；（c）太阳周期 118 年，温度周期 111 年

第七节 海温变化"领跑"气温变化

使一立方米的海水升高 1 摄氏度需要的热量远远大于使一立方米的大气升高同等温度所需要的热量。同样,海水温度降低 1 摄氏度释放的热量也比大气多。这就是海洋具有比大气大得多的热容量。全球海洋面积占地球表面积的 71%,太阳辐射可以到达海面以下。海洋接受到的太阳辐射,然后又可以加热大气。在全球平均海温分布中,赤道东太平洋海温是同纬度比较低的。但在赤道东太平洋,海温年际变幅是最大的。这里是发生厄尔尼诺海温异常事件的地方。因此,赤道中东太平洋的海温变化受到人们的广泛关注,并确定以靠近赤道的一个区域(Nino3.4 区)的平均海温表示海温变异。在赤道东太平洋海温变化与全球月平均气温变化中,海温的变化超前全球气温变化 3~5 个月(图 4-3)。过去的 60 年中,每次强厄尔尼诺海洋变暖事件后,全球平均气温也会有一次升高。这反映了热带海洋能量释放会波及全球气温。

北大西洋海温和北太平洋海温都有 60 年左右的周期性变化。有研究认为,这一周期性变化是全球尺度的海洋与全球大气相互作用的结果。因此,海温和全球平均气温中应该有基本相同的变化周期。这个周期是确实存在的。反映北太平洋海温变化的北太平洋涛动指数和全球平均气温都有准 60 年的变化周期。海温在这一时间尺度上的变化超前气温变化 2~6 年(图 4-4)。

在全球气温的自然变化中,准 60 年的周期变化是主要的。既然气温与海温的变化有关,又滞后海温的变化,那问题已经转移到,海温变化为什么会出现这个周期性的波动。太阳活动还有一个 50 年左右的变化周期,但不是很稳定。一种可能的解释是,太阳辐射首先对海洋(海温)施加强迫作用,再与海洋(海温)一道影响到全球气温的变化。

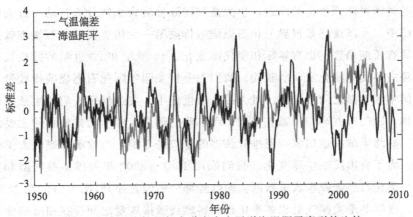

图 4-3　全球平均气温与赤道中东太平洋海温距平序列的比较

资料来源：同图 3-3

去趋势后的 1950~2008 年全球平均气温距平标准化序列（实线）与赤道中东太平洋 Nin03.4 区海温
距平标准化序列（虚线）

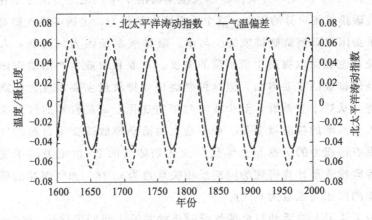

图 4-4　年代际尺度上全球平均温度与北太平洋涛动指数变化位相的比较

资料来源：同图 3-7

实线：全球平均温度变化的 63 年周期性余弦函数序列；虚线：北太平洋涛动指数变化的 62 年
周期性余弦函数序列

第八节　欧美碳排放峰值期却是全球低温期

　　工业化以来，人类活动碳排放到底对全球变暖具有怎样的贡献？这是当前科学界激烈争论的问题,也关系到国际社会将采取什么行动。过去的世纪中,美国始终是世界上化石燃烧碳排放第一大国。美国化石燃烧碳排放具有长期趋势,也有年际和年代际变化。19 世纪和 20 世纪的排放长期趋势主要受工业化发展所驱动。我们先分析美国年际化石燃烧碳排放量与美国年际气温之间的关系。过去的一个世纪中,发达国家人们的生活条件优越,出门有汽车,回家有空调。汽车和空调是人类活动排放物的主要载体。对北半球发达国家,碳排放最多的季节是冬季,为取暖而燃烧大量燃料。为了突出反映年际变化,我们采用 1981~2002 年美国冬季气温和美国冬季化石燃烧碳排放量数据去除趋势部分的偏差序列(图 4-5)。在 22 年中,逐年冬季美国气温和冬季化石燃料燃烧碳排放量之间存在相反的变化关系,相关系数达到 0.58。2000 年和 1981 年是美国这 22 年中冬季化石燃烧碳排放量最多的两年,也是美国的冷冬。1982、1986、1991、1994、1997、1998 和 2001 年是美国冬季气温偏高的 7 年,也是美国冬季化石燃料燃烧碳排放相对低的年份。这个关系可以解释为,美国冬季气温高与低决定了美国化石燃烧碳排放的少与多。碳排放多是因为气温低,人们增加了化石燃烧量以提高生活所需的温度。工业和农业生产活动应该是化石燃烧碳排放的主要方面,但这种燃烧量和排放量主要表现为长期增加的趋势。从这个关系看,至少在年与年的变化上,是自然的气温变化诱发了人类活动的排放量变化,而不是人类活动排放改变了自然的气温变化,更有说服力的证据是去年代际变化趋势后的 20 世纪美国年气温与美国年碳排放量计算得到的同期反相关系数为 0.36,而气温超前碳排放量一年的反相关系数为 0.23。

为了认识人类活动与全球气温变化的关系,我们可比较 1850~2006 年欧美主要发达国家(美国、英国、法国和德国)化石燃烧逐年碳排放量和四国碳排放总量序列(图 4-6)。初看,这四国 100 多年来碳排放量都是长期增加的,尤其美国增加的最多。这种百年长期碳排放量增加趋势也反映了工业化的发展速度。19 世纪后 50 年碳排放量主要受工业化发展的驱动,基本没有年际和年代际波动。20 世纪以来,除了长期趋势外,碳排放量中还存在波动。1850~1918 年,英国、美国、法国和德国的化石燃烧碳排放量都是增加的。20 世纪最初十年是四国碳排放总量的第一个峰值期,而这时正经历着 20 世纪的第一个气温冷低谷时期。30 年代,这四国的总排放量经历了低值期,而全球平均气温在 40 年代出现了一个暖平台。六七十年代，四国碳排放量经历了第二次的显著增加并在 70 年代末期达到峰值，而同期全球气温出现了持续的下降。1980~2006 年的碳排放量，先经历了一次小低谷，然后缓慢增加，主要排放来自美国的贡献，其他三国持平或有减少的趋势，然而对应的这段时间是有记录以来全球平均气温最高的时期。

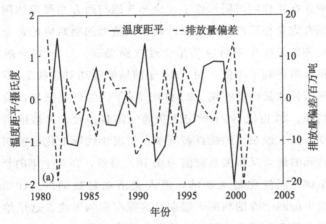

图 4-5　1981~2002 年去趋势后的美国冬季气温距平和

去趋势后的美国冬季化石燃料燃烧碳排放量距平

资料来源：钱维宏等. 年际和年代际冷暖变化是人类活动碳排放量增减的诱因. 科学通报. 2010

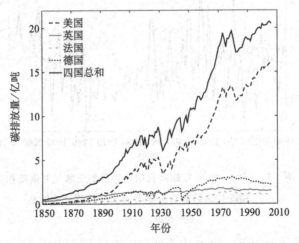

图 4-6　1850~2006 年欧美四国化石燃料燃烧碳排放量和四国排放总和的逐年序列

资料来源：同图 4-5

　　自工业化以来,西方主要发达国家碳排放总量在长期增加的基础上还外加有几十年的年代际变化。为了比较气温变化与碳排放量之间的关系,分别先剔除全球气温序列和西方四国碳排放总量序列中的长期趋势,然后对两者进行比较(图4-7)。这两条偏差序列中不但有几十年的变化,还包含有几年的变化。为了比较几十年的变化,我们对偏差序列又作了9年滑动平均处理。在年代际时间尺度上,全球气温与西方主要发达国家碳排放总量之间也有完全相反的变化关系。碳排放量增加期对应的是全球气温偏低,反之碳排放量减少期对应的是全球气温偏高。1910年前后的全球低温期,碳排放量达到了峰值,而1940年前后的暖期对应的是20世纪三四十年代四国碳排放量的低谷期。20世纪70年代的气温低谷,恰恰是四国碳排放的高峰。20世纪与21世纪之交的气温暖平台,又恰恰是四国排放量的下降期。具有说服力的统计特征是,气温年代际变化超前四国碳排放总量5年达到的最大反相关系数值为0.48。显然,在几十年的年代际时间尺度上,全球气温变化是主动的,而人类活动是被动的。20世纪以来,全球气温发生的两个冷期和两个暖期是客观存在的事实。这里给出的欧美四国碳排放总量也有对应的两个高值期和两个低值期。

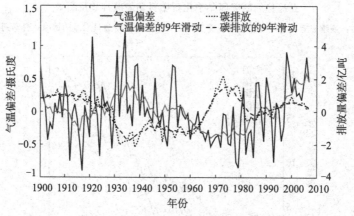

图4-7　1900～2006年剔除长期趋势后的全球气温偏差和
剔除长期趋势后的欧美四国碳排放总量偏差

资料来源:同图4-5

　　年际和年代际两个时间尺度上的相反变化关系给我们展示出:在全球气温偏暖的时期,欧美发达国家消耗的化石燃料少,对应的排放也相应减少;反之,全球气温偏低时期,为保持经济发展和生活取暖,欧美发达国家需要消耗的化石燃料多，排放也就增多了。这里能够解释的只能是：气候自然变化驱动了人类活动的排放，而不是人类活动排放驱动了气候变化。

现在遗留的问题是：工业化以来，欧美发达国家碳排放量是长期增加的，同期以来的全球气温也是长期增加的，这两者长期都增加之间有什么因果关系，还是不存在因果关系？有两种可能的关系解释：一是它们之间没有关系，全球气温长期趋势只是百年尺度变化过程中的上升支部分，而碳排放量长期增加反映了人口的增长和工业化的发展势头；二是全球长期变暖的原因就是人类活动碳排放增加导致的，它们在长期趋势上的正相关关系不同于它们之间在年际和年代际时间尺度上的反相关关系。要得到合理的长期（百年尺度）变化因果关系的解释需要几百年或更长时间的资料。

第九节　二氧化碳浓度增加是气温升高的罪魁祸首吗？

虽然近千年来代用的和观测的气温与大气二氧化碳浓度资料存在一定的误差，但这是目前有代表性的可用资料。利用前后对接的这两条序列可以帮助我们定性认识世纪尺度上它们之间的变化关系。

众所周知，工业化以来，全球平均温度和大气二氧化碳浓度都在上升。尽管如此，非政府间气候变化专门委员会（Nongovernmental International Panel on Climate Change，NIPCC）的评估认为，全球气温与大气二氧化碳浓度之间的相关很弱，也并不确定。大气二氧化碳浓度的增加反映了工业化以来人类活动碳排放的累积。人类工业化活动碳排放从无到有，迅速增加，可全球气温上升并不是首次。因而，仅仅根据近百年的全球气温和大气二氧化碳浓度变化的趋势就确认它们之间的因果关系，尚缺少足够的证据。为此，我们可采用"斜率突变检验"的检测方法定性地辨识它们之间的关系。所谓"斜率突变检验"，首先是对时间序列求相邻几点的斜率，再由对应时间点的斜率序列找到满足条件的突变点。

工业化以来，全球气温在上升，二氧化碳浓度也在增加。图 4-8 中那

些短竖线处的年份是检测到的气温和二氧化碳浓度变化转折点。公元
1850 年以来,全球平均温度除了有一个长期的增加趋势外,还经历了三
个暖期和两个冷期。暖期极大转折年出现在 1878、1944 和 1998 年,冷期
极小转折年在 1911 年和 1976 年。气温变化经历了 5 个不同的年代际趋
势。公元 1850 年以来,大气二氧化碳浓度一直上升,但每个时段上升的
趋势不同。大气二氧化碳浓度有两个相对持平的时段,一个在 1887~
1900 年,另一个在 1936~1952 年。两个大气二氧化碳浓度持平的时段对
应人类活动排放偏少的时期。如果大气二氧化碳浓度变化是气温变化的原
因,那么二氧化碳浓度不变,气温也应不变,或者下降。工业化以来,大
气二氧化碳浓度经历了四次增长的过程,以 1973 年以来的增长最快。
NIPCC 评估报告中指出,1940~1975 年全球冷却,但大气二氧化碳浓度
仍然在迅速上升,2001 年以来二氧化碳排放继续增加,而气温并没有明
显的升高。气温变化的三个暖期和年代降温趋势用大气二氧化碳浓度年代
增加来解释,尚缺乏说服力。

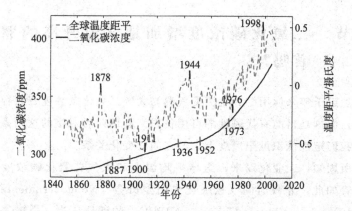

图 4-8　1850~2005 年大气二氧化碳浓度与全球平均温度距平转折点的时间关系

　　在过去的千年中,全球气温变化经历了早期的中世纪暖期和工业化以
来的全球变暖期,它们之间有一个气温相对偏低的小冰期。对千年全球气
温变化进行检测,发现有三个主要的突变点,分别出现在 1427 年、1458
年和 1841 年附近 [图 4-7 (a)]。1427 年以前的平均气温是负距平 0.25 摄
氏度,可以近似代表中世纪暖期的温度。1427~1458 年,在近 30 年内气
温下降了 0.5 摄氏度。1458~1841 年,平均气温是负距平 0.49 摄氏度,

相当于小冰期的平均气温。从中世纪暖期到小冰期，全球平均气温下降了0.24摄氏度。1841年以后，全球气温出现了以每百年0.44摄氏度的速度上升。千年大气二氧化碳浓度变化中，检测到的突变点分别在1560年、1610年、1755年、1805年、1860年和1950年附近［图4-7（b）］。1560年以前，大气二氧化碳浓度稳定维持在282ppm值附近。1560～1610年大气二氧化碳浓度值下降到276ppm的水平，50年内下降了6ppm。1755～1805年为大气二氧化碳浓度增加的阶段，时间上与西方第一次工业革命开始，煤作为主要能源的广泛使用一致。1805～1860年大气二氧化碳浓度维持在284.6ppm。1850年到第二次世界大战前夕是第二次工业革命时期，石油成为新的能源。1860年开始，大气二氧化碳浓度以每十年3ppm的速率增加。1950年出现了一个大气二氧化碳浓度显著增加的拐点。这之后大气二氧化碳浓度增加的速率是每十年12.5ppm。显然，18世纪以来的大气二氧化碳浓度及其所具有的几个突变时间点与这几个工业革命时期是紧密联系的。

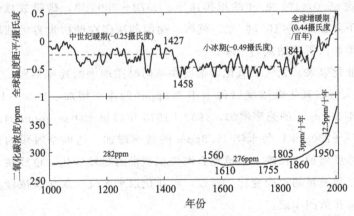

图4-9　1000～2005年全球平均温度和同期大气二氧化碳浓度值

过去千年气温和大气二氧化碳浓度年代际的变化中，均表现出"高—低—迅速升高"的变化走势（图4-9）。我们这里只看它们之间的先后关系，但全球气温变化与大气二氧化碳浓度变化的因果需要进一步论证。这里可以注意到，1427～1458年全球气温的下降较1560～1610年大气二氧化碳浓度下降提前近100多年。大气二氧化碳浓度的显著增加有两个启动时间点，分别为1860年和1950年。但无论是1860年，还是1950年，它们都比气温增加的变化点1841年落后达20～100年。从最大突变点检测看，气温变化早于大气二氧化碳浓度的变化拐点近一百年。而对因果关系，正常的理解应该是，原因在前，结果在后，或者至少它们是同时的。

全球化石燃烧量增加的速率可分为四个时期，它们是 1850～1907 年、1907～1949 年、1949～1972 年和 1972～2005 年。根据 NIPCC 评估报告中引用 Marland 等人工作的分析，各时段的年增长速率分别是 4.4%、1.3%、4.3% 和 1.2%。第一个时期以煤炭的燃烧为主，增加迅速。第二个时期石油和天然气的使用量增多。这段时期总体燃烧量增加的速率是第一时段的三分之一。第三个时期，主要是石油和天然气的增加，全球总燃烧量又恢复到第一个时期的增长速率。第四个时期可能是核能等其他能源使用的增加，使得煤炭、石油和天然气的使用速率下降了。

全球化石燃烧碳排放量增长速率的四个时段与西方主要发达国家碳排放总量的时段变化是基本同步的。1912 年以前，西方主要发达国家碳排放总量以 9.3×10^6 吨/年的速率上升；1912～1947 年碳排放总量的增速有所减缓，以 6.2×10^6 吨/年的速率上升；1947～1972 年碳排放总量迅速增加，达到 35.0×10^6 吨/年的增排速率。1972～2005 年，碳排放总量的增速再次下降至 6.6×10^6 吨/年。英国、德国和法国在两次世界大战期间的碳排放都经历了波动式的下降。

工业化以来，大气二氧化碳浓度在不同时段增加的速率不同。1850～1900 年大气二氧化碳浓度以每十年 2.9ppm 的速率增加，1900～1952 年以每十年 3.2ppm 的速率增加，1952～1976 年以每十年 8.4ppm 的速率增加，1976～2005 年以每十年 15.8ppm 的速率增加。这四个时段的大气二氧化碳浓度增加正反映了全球化石燃烧积累量的时段变化，也反映了欧美四国碳排放总量的时段变化。所以，工业化以来大气二氧化碳浓度增加有人类活动排放的印记。

高精度的大气二氧化碳浓度测量最早是 1958 年 Keeling 在夏威夷进行的。他认为大气二氧化碳浓度趋势增加是人类活动的结果。2000～2009 年，大气二氧化碳浓度以每年 2.04ppm 的速率增长，而过去 50 年平均仅为每年增加 1.46ppm。2000～2009 年的大气二氧化碳浓度快速增加，而这期间全球平均气温并没有增加。

科学界认为全球气温变化主要原因包括太阳辐射变化、人类活动排放和火山活动等因素。火山喷发的火山灰，也称火山气溶胶，可以到达大气平流层（十公里以上），并在几个月到几年的时间内削弱一些地区的太阳辐射,从而降低大气温度。1830年以来的三次年代尺度的气温低谷能否用火山活动影响太阳辐射来解释呢?1840年前后、1910年前后和1975年前后经历了三次年代降温期。1840年前有强火山活动,1840年之后有弱火山活动。1910年前后的火山活动也是如此。1975年前有弱的火山活动,但之后出现了两次强火山活动。如此看来,在全球大气降温的阶段有火山活动,在升温的阶段也会有强火山活动,火山活动对全球平均温度变化的作用还是很复杂的。

在季节、年到年代和百年时间尺度上,全球平均温度的变化受到太阳辐射变化和地球系统中各个圈层相互作用的影响。更长时间尺度的全球平均温度变化缺少观测资料。在年际和年代际时间尺度上,人类活动碳排放量与气温变化之间有相反的关系。大气二氧化碳浓度的变化正是反映了人类化石燃烧的排放积累。全球平均温度在不同时间尺度上的变化规律和成因研究属于科学问题。大气二氧化碳浓度增加反映了人类活动对环境的影响。

地球上的化石燃料(煤炭、石油和天然气)是亿万年来地球气候资源的积累。前人没有发达的开采技术,把资源留给了我们。而我们这代人如此"大肆挥霍"这些资源既对不起前人,也对不起后辈。这样做不仅增加了对环境的负荷,也不利于人类社会的可持续发展。

天问：谁驱使了气候变化？

第五章
凡事预则立

　　按照"天命论"的观点，日出日落和潮涨潮落是周而复始的自然现象。人们对这些变化能够做出较准确的预报，对日常的生产和生活也就有了计划和安排。看不到日出日落，一定是云挡雨罩了。观看不到规则的潮涨潮落，一定是台风或者海啸来了。如果有不规则的日出日落和不规则的潮涨潮落，这才是需要预报的。预测和预报准确并有所防备才能避免损失。

　　《礼记·中庸》中有这么一句话："凡事预则立，不预则废。"意思是说，要想成就任何一件事，必须要有明确的目标，认真的准备和周密的计划。预测和预估是计划和准备的前提。没有准备的盲目行动，只能是忙忙碌碌，却一事无成。预，就是准备加努力；立，则是成功。所以说，预是成功的基础，不预则是偏废与失败的根源。其实，要做到不盲目行动，就要对实现目标的过程中会遇到的各种困难有所预测，并对可能的后果有所估计，即要按照自然规律办事，而不是为所欲为。于是，认识和预测自然就很重要了。

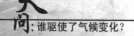

第一节　预测的意义

预测有什么作用？如果预测要有寒潮来了，我们出门就要多穿衣服。如果预测要有台风来了，我们就要做防风雨和抗海潮的准备。有准备的预防措施使我们没有因为寒潮袭击而感冒，没有因为台风的风雨而使房屋倒塌和海水倒灌。我们的成效就是没有因此而造成损失。以下阐述与预测有关的几个问题。

（1）预测的历史。"人无远虑，必有近忧"，这是中国人的古训。自古以来，我们的祖先不断探索自然的真相，渴望能预知未来。几千年来，水手、渔民、农民和猎人看云、看风、看天象、看物象来预测天气，探索如何预报天气。天气预报成了一套民间技艺。

有些民间"风水先生"使用一种罗盘（指南针）为新居选址看风水，实际上是在考察自然气候条件，利用地理常识，避免自然灾害。显然，我们的住房不能建在容易发生暴雨泥石流和大风的地方，不能建在多地震活动带的地方，应该建在阳光充足的地方，符合这些条件就成为好的风水了。在东方，庙宇作为传教的场所，选址考究。凡庙宇所在地，必定是地理和气候环境相对较好的地方。

历史上有很多成功预测的例子。现在人们预报气旋系统的移动和台风动向已不是困难的事，但预报极端天气和极端气候事件就难了，遇到的历史个例太少，经验不足，只能事后才找原因。只是事后分析原因，再发表文章，就有人说是"事后诸葛亮"了。

作为一种预测方式，即占星术，是建立在天人相应的基础上的。占星术拥有根据观察、算命天宫图和传记所积累的大量经验证据。唐代瞿昙悉达编了一部《开元占经》，共120卷，其中有110卷是天文和气象方面的历代占术。占星术士对他们所相信的证据极端重视和极端迷信，而回避任何不利的证据。他们常把自己的解释和预言都讲得相当含糊，以致任何有可能驳倒他们理论的事件发生时，他们都能解释得通。他们总是那样的出语"圆滑"，总能巧妙地解释他们的预测。这里的含糊说明：更精确的预测是非常困难的。

举一个例子。传说有三个学子进京赶考，途中住一道观。他们听说观中有一老道能测算未来，于是诚心求卜，请老道为他们预卜赶考。老道微微一笑，胸有成竹地在他们面前伸出一个指头。学子们问："这意思是，我们三人能考中一人了？"老道并不回答，只是说："天机不可泄露，事件不必讲透！"后来，三个学子中只有一人未考中，他们聚在一起说："看来，这老道是个骗人的家伙！"于是，他们在归途中仍然返回住过的道观，要羞辱那老道一番。结果老道一听他们所说，便哈哈大笑说："尔等无知，反怨贫道，我这个指头乃是一个落榜之意，贫道何曾有错？"说得三个学子哑口无言。其实，老道一指头的含义可谓模棱两可，怎样解释都说得通。可意为一人考不中，两人考中。也可一人考中，两人考不中。可意为三人一齐考中，也可意为三人一齐考不中。无论怎样的结果，最后他都能自圆其说，掌握话语权。

当今也有类似的例子。在 2010 年 6 月 5 日世界环境日，中央电视台财经频道报道了对一个外国专家威廉·恩道尔的采访谈话。他说："开始大家的争论点是全球变暖，现在气候变冷了，他们又换了一种说法，叫全球气候变化，原来暖和的时候，他们说是人类的碳排放导致气温升高，现在冷了，他们又说近期碳排放的控制起到了作用。"在墨西哥坎昆气候会议召开前夕，英国科学家又提出 2 摄氏度温控目标或需调整，认为气候变化最危险的一部分并不是温度变化，而是区域降水变化。新论点不断出现，如"全球性趋势下极端天气变得更加敏感了"。

争论意义不大，还是关注预报。什么是有价值和有技巧的预报呢？如果一个满分为 100 分的考试，每道题有 A、B、C、D 四档选项，整个试卷全答 A、B、C、D 四档中的任意确定的一档为对，而其他三档全为错，则得分是 25 分。超过 25 分是有技巧的得分，但随便选择题目会大大低于 25 分甚至 0 分。气候预报也存在一个天天预报晴天或下雨的气候得分，超过它才是有技巧的，那个技巧就是能从晴天到下雨，或从下雨到晴天的转折性预报。

(2) 预测与科学。首先肯定，预测是人的思维活动，预测工具是在帮助验证人们的思维活动。预测就是要走在时间的前面，预知未来将会发生的事件。预测的基础是认识已经存在的事实。最初的预测可能是为了满足人们的好奇心：明天能否见到太阳，或是阴天？人们被很多问题困扰着，例如，为什么日月星辰交替出现？又为什么年复一年春华秋实？天和地之间有什么东西支撑着？等等。当对这些问题苦思冥想不得其解的时候，一些人提出了上帝创造世界的假说。有了假说，人们心里就安稳了很多。

不可否认，科学的认知之前，首先出现的正是这些假说。一些假说通过认知过程被证明为科学的内容，也有的假说通过认知过程被事实所否定，新的假说或不同的假说又会被提出。不管真假，有很多的假说同时出现，说明是开明的社会，百家争鸣的时代，科学发展的时期。

说到这里，我们要确认一下"预测"与"科学"的关系。假说是预先阐述的可能"真理"，"预先"和"可能"就反映了预测不是百分之百的正确。科学是要认识事物（或世界）的本质和变化的过程。预测是为科学预设的模型。好的模型会得到理想的科学结果，差的模型则不能。我们只能说，建立在能够客观描述事物本质和变化过程模型上的预测才是科学预测。

需要说明的一个问题是，什么是"伪科学"。即使某些假说和理论发展到后来被证明是谬误，我们也不能说这些假说和理论就是伪科学。"不知者不怪"，但"知之"，却不实话实说，而是在为个人或集团的利益隐瞒真相，或拒不接受真理，那时才可以加上伪科学的帽子。

从字面上讲，预测是对未来的测算。我们常常在口头上说的预估、预料、预报、预想、预言等都是对未来事件可能发生的预先描述和考虑。最简单的预测是"是与非"的预测，也称 0－1 预测，是事件"能出现"和"不能出现"的预测。有时，人们对回答"能否出现"还不满足，还需要知道量的程度。这就要预测有一个"度"的概念。预测经过一定的时间后会得到检验，于是会得到预测与实际之间的差距，从而判定预报的成功程度，即准确性。哈雷（1656～1742）曾预言，1682 年的大彗星将在 1759 年再度出现。在哈雷过世 17 年后，这个预言得到了后人的证实。

（3）预测效益。是预测"福"，还是预测"祸"？人们总是在想得福，而免灾祸。

孟子曾说："生于忧患，死于安乐。"我国人民长期以来遭受很多灾害的侵袭并且与之抗争，如兴修水利工程等，为的是造福子孙后代。人们常常说，无灾便是福。其中自然灾害包括气象灾害，海洋灾害，地质灾害，环境灾害，疾病灾害，人为灾害，乃至空间灾害等。在这些灾害中，气候灾害，如旱涝、暴雨和台风等灾害最重，损失最大。成功地预测这些灾害事件就可以避免一些损失。比如在台风来临前准确的预报可以避免人员伤亡和降低财产损失；在汛期雨季来临之前准确的预报可以及时为防汛提供指导，避免洪水、泥石流等造成的人员伤亡、降低财产损失和避免资源等不合理的调配；又如在重大庆典和群体活动前准确的预报可以保障活动的安全；又甚至为空调生产厂家提供的凉热预报，带来了利润增加和风险规避。总的来说，因为准确的天气气候预测，在防灾减灾，减少人员伤亡和财产损失，趋利避害，促进经济发展上所起的作用是无可估量的，也是最直接的预测效益。

祸与福，这对矛盾的双方又是相对的。人们需要的东西可能看做福，不需要的东西为祸，太多了就成灾。连续的阴雨天气，人们多日见不到太阳，衣服发霉了，阳光成为人们的宝贝，而雨为人们所不喜欢。梅雨过后进入大伏，天气炎热，人们盼望的是来一个台风并带来一场喜雨。由此可见，同样的现象可以是灾，也可以是喜，完全取决于当时的现状和人与社会的需求。

而对于预报来说，如果预报风调雨顺而实际干旱来临，那么预报不但没有创造效益，反倒可能造成更大的现实损失。实际上，即使准确预报出干旱，依然无法完全避免损失，但由于适当的对策，相应的损失可以比不准确预报带来的损失减少很多。所以，预报效益主要取决于预报是否准确。准确的预测才能带来科学的应对，才能带来预报效益的最大化。当今国际社会更应关注科学问题，对未来的气候变化做出科学的判断，为其他学科研究和适应对策提供科学的依据。

（4）预测-预警系统。动物活动，包括人类的生存需要安全感。要有安全感，就要有一套对突如其来的灾害进行预测、预报、预防和灾后救治的体系或系统。

科学推动了生产力的发展，然而科学的发展也不总是在造福人类，它是一把双刃剑。例如，原子能的发展和激光技术的发展对人类生存与发展有很大的贡献，但用于战争又有巨大的破坏力。因此，预测-预警不但是对自然的预测-预警，还有对人类活动的预测-预警，要预防、预测-预警可能的人类活动不慎和与自然的不和谐。比如，随着现代化城市的发展，新出现的城市交通、高架桥、地槽和地下商场等，小的降水也会形成大的灾害，一场暴雨可能会形成城市内涝。

现在看来，人类面临的问题不能再采用头痛医头，脚痛医脚的方法了。多年来，人们年年谈论抗洪问题，但洪涝往往发生在不曾在意的流域，强度也常出乎预料。即使事后总结了很多的教训，人们还是被天老爷牵着鼻子走，处于被动。当然，新事件的发生还都存在着渐变的过程和突变的时刻，可以区分出快变量和慢变量。事件发生的早期信号就有可能隐含在慢变量中。举一个例子，泥石流事件的发生是一个突变灾害事件。地质状况可以看做慢变量，植被状况可以看做比地质变量稍快的次慢变量，下暴雨是快变量。随着技术的发展，计算机对卫星观测和其他信息资料的快速与分层处理会提高对这类事件的预测能力。

第二节　理想和现实的差距——预测模型的局限

宇宙是无界的。我们只能对有限范围进行预测，这个范围比如银河系、太阳系、全球气候系统、台风环流等。一个用墙围住的房间内有空气、人和室内植物等，这些构成一个系统。墙就是这个系统的边界。通过边界给系统内加热，系统内部的状态就会发生变化。系统的边界是人为划定的，外界对系统的作用只能通过边界进行。如果仪器的灵敏度足够高，边界上的数据又都可测，那么边界就变成已知的。在外界作用下，系统内部可以出现各种各样的变化，比如系统内的温度升高，或降低。

预测依赖模型，模型是人对事物认识的经验固化，其他人不但能够理解，也能使用（附录 C）。

牛顿（1642～1727）发展了质点力学，而拉普拉斯（1749～1827）发展了无穷质点组成的宇宙力学。他们之间仅仅相差了一百年，但认识论提高了一大步。实际上，拉普拉斯已经给出了一个描述宇宙的模型。以银河系来说明这个系统。系统要受到银河系以外的力的作用。在一个时刻，系统内部的所有点（包括原子）的位置状态能够知道。这实际上是说，对未来的预报，首先要知道初始值。当今的数值天气预报模型就是在试图实现拉普拉斯提出的思路。

认识过去和预测未来都很困难。对稍为复杂一点的系统，内部动力学不是完全可以认识的，外界作用力也不是完全确定和精确描述的，初始值不可能精确测量到每个分子或者原子，计算机也只能保留有效位数。因此，系统的不确定不可避免。

拉普拉斯描述的系统中有很多的不确定。其中之一是来自初始所有物理变量测量的不确定。人类虽然发展了卫星探测等观测技术，但获得的资料不能覆盖全球和不同圈层中的所有变量。这样的观测仍然不能做到空间上和时间上的连续性。因此，观测的初始误差不可避免，并且这种初始误差将通过"蝴蝶效应"不断放大，最后导致预报偏离实际。这称为初值不确定。

关于初值不确定，美国气象学家洛伦兹玩了一个数学游戏。在 20 世纪 50 年代末，他把无穷维数描写云对流发展的方程，简化到 12 个变量的方程组，1963 年又简化到由 3 个变量组成的方程组。三个变量的方程组仍然是复杂的。这 3 个变量的方程组（天气模型）就是他的玩具，被称为洛伦兹系统。这个模型不是发表在《科学》或《自然》杂志上，而是发表在美国的《大气科学杂志》上。十年后，他的玩具才被数学家认识和流传开，并逐渐影响到了各个学科的方方面面。洛伦兹用了很形象的比方，他起初用"海鸥"的兴风作浪来说明大气中的扰动起源，后来他用一只小小的"蝴蝶"来指代大气中的初始扰动。1972 年，他演讲的一个题目是："可预报性：在巴西一只蝴蝶翅膀的拍打能够在美国得克萨斯州产生一个陆龙卷吗"？洛伦兹不认为南半球的大气扰动可以穿越赤道影响到北半球，但他认为在北半球的扰动是可以传播很远的。后来，格莱克在他那本畅销书《混沌——开创新科学》中改为"今天在北京有一只蝴蝶煽动空气，可能变成下个月在纽约的风暴。"东半球大城市北京的一只蝴蝶煽了一下翅膀，形成了大气中的一个小扰动，这个扰动就能随西风气流漂洋过海并越过北美大陆，不断放大，到了西半球大西洋的沿岸大城市美国的纽约，就发展成了风暴。如果是这样，把那只"蝴蝶"抓起来，阻止它煽动翅膀，不就避免了一场风暴吗？问题就在于"蝴蝶"太多了，初值不确定。

对系统内部动力学也是不确定的。由于存在线性与非线性等复杂相互作用，湍流与摩擦等问题，目前尚不能很好地用数学加以描述。这称为内部动力学或物理过程描述的不确定。

系统受外界强迫的影响，如大气受海洋中的厄尔尼诺海温异常事件的作用与气候受火山活动的影响，人类活动影响等，这些外强迫本身就存在不确定。

假如初值确定了，内部动力学和外部强迫也确定了，那么拉普拉斯的这个公式（附录 C）可以通过大型计算机进行计算，从而得到未来任何时刻的预报。然而，计算误差永远存在。这种误差也可以通过其复杂的相互作用不断放大。计算机在计算过程中也会产生"蝴蝶效应"，这称为计算

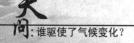

不确定。

四个主要的不确定决定了长期气候是不可预报的，但包含可容许误差的有限未来是可以预测的。最早发现初始条件对未来预测有影响的是法国的数理教授庞加莱（1854～1912）。他研究仅仅包括太阳、地球和月球这三个质点相互作用的太阳系，探讨所谓的"三体问题"。1903 年，他指出由于牛顿重力和运动定律的影响，即使如此简单的动力体系也以非常复杂和不可预测的方式在不停地运转，最初小小的变化会导致巨大的差异。

第三节　确定性的可预报不是"事后诸葛亮"

我们通过一个简单的例子说明系统中既存在确定性的可预报部分，又存在随机性部分。在一个封闭的房间里，当我们打开空调并设定一个恒定的温度，不管原先房间里的气温是高还是低，长时间后室内的气温就维持在空调设定的温度。当空调设定的温度与室内温度差异很大时，室内不同部位会形成空气对流。随着温差减小，对流逐步消失。当时间足够长后，室内温度保持不变。如果我们不断改变空调的控制温度，室内瞬时温度就不是系统的最终温度，室内不同的部位气温都在不断地调整和变化，它既有向终态（外强迫）适应的趋势，又有内部的调整过程。后者调整过程的时间尺度和空间尺度都相对前者为小。室内温差达到一定程度时就会出现对流。地球大气中确定的温差也会出现对流，这是极端天气和极端气候事件形成的根本原因。

银河系中有太阳系，太阳系中有地球-月球系，地球系统中有大气圈，对流层圈层中还有台风，台风中有螺旋雨带。从上到下，即使相邻的两个层次的系统嵌套地叠在一起也呈混沌的分布状态。在这个由两个层次构成的系统中，上一个层次被认定为缓慢变化的部分，下一个层次为扰动部分。这两个部分的和构成了这个复合系统的状态。如果把拉普拉斯的动力系统"一分为二"，则第一个部分是牛顿的线性动力学，描述质点受力后运动状态的改变，但多了不同质点的摩擦和不同质点间的简单相互作用。这样，外力作用后，质点不是马上就有所反映，而是有一个时间滞后（附录 C）。

108

　　第二个部分是扰动，依赖于系统内部的复杂性和线性、耗散的作用。扰动部分与系统的非均匀性及内部动力学密切相关。这样，人为地把一个原本复杂的系统划分成简单的线性部分和仍然复杂的扰动部分，但这样的处理带来了认识问题的方便。一是，这里将一个可能完全混沌的问题变成了至少两个层次的问题，其中上一个层次的问题可以用确定可解的数学表达式来描述。二是，数学上的气候定义是在一定时间和空间尺度下状态随时间的连续变化，仅依赖于系统的外强迫。只要未来的外强迫知道，这一部分就是确定可预测的。由于复杂性的存在，第二个层次就有很多的不确定，称为随机的成分。于是，我们认定：对任何复杂系统的状态都可以分解成确定性和随机性并存的两个部分。

　　这里出现了一系列辩证的思维，同时又把数学和物理学有机地结合了起来。数学有"柔性"，物理学有"刚性"，要以"柔"克"刚"。数学方法的灵活应用，目的是要解决物理学中的问题。确定论的"动力"系统本质上是不确定的。但在这个不确定性中，又蕴藏有确定的成分。这一确定的成分在很多情况下是可以预测的。在另一部分中，存在不确定部分的统计可预报性。这里把确定性和随机性两者联系起来了。后者又可以用统计数学的方法得到未来的预测。

　　现实生活中，确定性（必然性）和随机性（偶然性）的例子很多。有一则记载说：某官乘船途径某地时，夫人分娩，正好邻船船妇也同时分娩。这样两个孩子的"生辰八字"完全相同。夫人相信算命先生的预测。20 余年后，夫人的孩子，已继承父业，她想了解那个八字相同的孩子的情况，专程来到旧地。她发现那孩子，也已继承父业，在那里摆渡，没有做官。这个故事说明，按照"生辰八字"的人生轨迹，20 年的命运预测不准确了。但两个孩子的发展既有必然性，又有偶然性。必然的是，中国传统讲究"子承父业"，就业机遇与家庭教育和环境有关。如果 20 年前出于偶然把两个孩子调包，但最终可确定预测的还是一个做官，一个摆渡，只是个体角色互换了。无论如何，只要看父亲的职业，预报两个状态，"一个为官，一个摆渡"。现在的孩子在学校接受教育，新的工种不断增多，父母的家庭和职业影响大大减小了。教育环境的变化，使得同一时辰出生的孩子发展更具多样性。现代社会环境复杂了，发生各种变化的可能性增多，预测也就不如以前容易了。

　　把一个复杂的系统分解成确定性和随机性的部分有应用的价值。以全

球温度变化为例,每日的温度可以分解成三个部分,依次为太阳辐射随季
节变化的部分、海陆等地形分布影响的季节变化部分和剩下的偏差部分。
前两个部分是不需要预报的,是气候,只需要分离出来并加以认识。要预
报的是那个剩下的,偏差部分。这个偏差部分具有随机性,但可以找到其
中的统计规律。预报这一部分需要技巧。

人们有时会遭遇各种不经常发生的事件,如全球变暖和区域持续性暴
雨。人们可以用气候模型预设可能的原因,尝试再现这个事件的过程和结
果。过去百年全球温度变化的可能原因包括气候系统外的强迫变化、系统
内部的复杂性作用和测量误差等三个部分。气候系统模型是当前动力学上
比较复杂的预测模型。这样的模型对初始观测数据、模型动力学结构、外
强迫的预知和计算机的要求都很高。无论是简单的预测模型,还是复杂的
预测模型,它们都需要进行事后预报试验,以便对预报能力进行检验。事
后预报试验就是"事后诸葛亮",简称叫"后报",以区别于"预报"。

世界各国的研究团体发展了多个气候预测模型。不同的模型在观测资
料的处理,内部动力学的描述和计算机算法上都有一些差异。根据后报结
果的统计分析取权重,把每个模型的结果按权重累加起来,预测结果比单
个模型的预测结果要好。这种累加权重的预报方法称为多模型集合预报。
IPCC报告给出了多个复杂动力学模型对过去百年全球平均温度变化的后
报和它们的简单平均集合后报(图5-1)。不同的模型之间存在比较大的差
异。同期,模型之间的预测温度差异可达到$0.4 \sim 0.5$摄氏度。在外强迫
已知的情况下,13个模型后报的全球平均过去百年温度与观测温度都有
一个百年增加的趋势,这是模型中预设温室气体变暖的作用。在这个事后
预报中,1910年前后的低温期没有后报出来。20世纪40年代的暖平台没
有后报出来。对四次火山活动,模型都反映出温度下降。整个百年中只有
四次火山活动引起了四次大的温度波动。除此之外,气温变化还有多次大
的波动,但并没有与之有关的火山活动发生。1970年前后的冷期与1910
年前后的冷期有相同的特征。在1970年前后的冷期之前,模型中预先出
现了阿贡火山的作用。这样的后报结果只是说明,过去百年全球平均温度
变化是由大气二氧化碳浓度增加和火山活动两个外强迫造成的。由这样的
因果关系,也只能推断:未来百年的全球平均温度随着大气二氧化碳浓度
继续增加而继续上升,但未来的火山活动并不能预先知道。

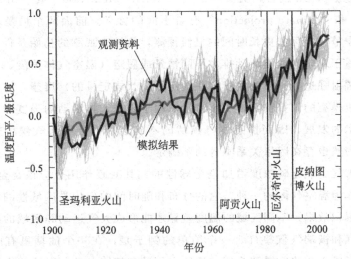

图 5-1　IPCC 报告使用的 13 个复杂动力学模型事后
预报的过去百年全球平均气温变化

第四节　温室气体归因下的全球变暖

认识过去是为了预测未来，有了大气二氧化碳浓度增加导致气温上升和火山活动导致气温下降两个归因，未来几百年的全球平均温度就可以预测了。未来火山什么时候活动不能预先知道，但它们只是引起气温几年波动而已。然而人类继续燃烧化石燃料，大气二氧化碳浓度总是要增加的。于是，先给出未来大气二氧化碳浓度的假定或"情景"。把不同的情景代入这些复杂的模型就会计算出平衡条件下不同时期的全球平均温度。在预设的人类活动排放情景下，如区域资源与低经济增长情景和能源种类平衡发展情景下，21 世纪末的全球平均温度会分别超过和接近 3 摄氏度，高经济发展情景下接近 2 摄氏度。第四种平衡量（不变）成分情景，只有从现在开始调节大气二氧化碳浓度收支平衡，21 世纪的全球平均温度才能不高于 0.6 摄氏度。要达到这个平衡目标，发达国家就要强制减排二氧化碳气体，发展中国家就要停止发展。

111

根据 IPCC 报告，英文中的词 "climate prediction" 或 "climate fore-cast" 和 "climate projection" 有着不同的含义。前面两个词是对自然的未来季节、年际和更长时间的气候预测，依赖于观测的初始条件。最后一词着重于对未来人类活动排放不同情景或假定（温室气体浓度、气溶胶浓度、辐射强迫等）下的气候潜在的定性的（或定量的）展望，结果多来自计算机模型的计算输出。由于情景依赖于未来人类活动的强度和社会经济与技术的发展，因而情景本身预估的不确定，也会引起气候展望的不确定。当然也存在因果关系本身的不确定。

大气二氧化碳浓度增加是全球性的，其变暖作用也应该是全球性的。水汽作为温室气体的一种，它的分布和随时间的变化是区域性的，但有全球的累积效果。不同区域的温度差异才能形成大气运动和区域的持续性极端天气和极端气候事件。一个简单的例子是，在一个池塘里有两个搅动器，形成水波的传播和叠加。池塘水位没有整体上升，但这些水波的叠加会形成局部水位异常扰动。很多气候模型强调了全球变暖后极端气候事件的频率增加和强度加剧。其实，全球温度的冷期、暖期，以及全球气温不变化的情况下，也都会出现极端气候事件。20 世纪六七十年代的冷期和 1990 年以来的暖期，中国持续性干旱事件的频次相当，都比 80 年代多。全球对流层变暖会使植物生长带宽度加大。类似的例子都不好说明地球在一个时期暖了，负面影响就增多。

IPCC 第一次评估报告就给人们一个提示，大气二氧化碳浓度与全球气温变暖有确定的关系。按照 IPCC 的模型预估，大气二氧化碳在 2050 年逼近 450ppm 浓度与全球平均温度增幅达到 2 摄氏度等价，这已成为国际气候变化谈判的重要议题。如果人类继续按照过去的生产和生活方式燃烧化石燃料，大气二氧化碳浓度在 2050 年达到 450ppm 浓度是完全可能的。过去千年的全球平均温度变化就像一根"曲棍球杆"。小冰期以来大气二氧化碳浓度变化也像一根"曲棍球杆"。

这两条曲线放在一起，粗看是有很好的时间对应关系。但从研究的角度看，人们需要从细节上分析和理清问题。季羡林先生说：无论是人文社会家，还是自然科学家，真想做学问，都离不开胡适的"大胆的假设，小心的求证"这十个字。他又说："世界上，万事万物都异常复杂，千万不要看到一些表面就信以为真，一定要由表及里，多方探索，慎思明辨，期望真正能搔到痒处。"

全球平均温度年代际和百年变化不单单只是归因于大气二氧化碳浓

度，还有其他的温室气体，包括大气中的水汽。近百年，尤其是近 50 年来，亚洲夏季风的减弱必然导致大气中水汽覆盖范围的缩小，到达地面和海面的太阳直接辐射量增加。这也会引起全球变暖，尤其是季风区以外大气的变暖。这样的区域变暖会形成不同地区的温差变化，并导致大气环流变化和极端天气事件频次的变化。

第五节　未来气温预测的振荡模型

根据理论分析，我们能够预测的是那些规则性外强迫的部分。如果外强迫或系统内部的振荡是周期性的，这样的周期一定存在于过去的变化中。因此，分析过去气候变化中的周期可以找到预测未来的线索。1998～1999 年曼等的北半球千年温度序列中存在准 70 年的周期振荡。这样的准 70 年周期振荡也存在于 20 世纪的气温变化序列中。作者在 2002 年称之为："气候变化等于长期趋势加短期振荡。"这就是所谓的"一波预测模型"。

用过去一百多年观测的全球温度减去长期趋势后，得到了 70 年左右的振荡。1870 年前后的暖平台到 1940 年前后的暖平台是 70 年。1940 年后的再一个暖平台就应该发生在 20 世纪与 21 世纪之交。作者在 2002 年预估，从 1998 年开始到 21 世纪 40 年代全球平均温度进入一个低谷，21 世纪 70 年代再次达到暖的平台。这样的温度振荡叠加上长期变暖的百年趋势，预估的 21 世纪 40 年代温度在 0.1 摄氏度上下。我们没有给出 21 世纪 40 年代后到 21 世纪末的温度预测图，原因是过去的百年长期趋势不可能长期维持。没有一种预测可以长期依赖过去的趋势。

实际情况是，全球平均温度从 1975 年开始上升。1998 年到达一个高峰值，此后全球平均温度迎来了 20 世纪与 21 世纪之交的暖平台。按照当时的预估，1998 年以来的十多年预测与实际观测基本一致。

过去温度变化中的周期性波动是自然变率，还会继续存在于未来的气候变化中。这里给出了 1850～2008 年气温序列及其不同周期波动的模拟和对未来到 2100 年的气温预报（图 5-2）。用两个周期性波动和长期趋势的叠加较好地模拟了这一时期的温度变化。全球平均气温从最近的暖平台开始阶段性下降，到 2035 年走进一个低谷，平均温度为 0.13 摄氏度，之后温度又开始逐步上升，到 2068 年达到一个 0.60 摄氏度的暖平台。这一 21 世纪的温度预测是两个自然波动（独立的 21.2 年和 64.1 年周期）与长期趋势（每百年变暖 0.44 摄氏度）叠加的结果。我们可以简单地称为"二波预测模型"。

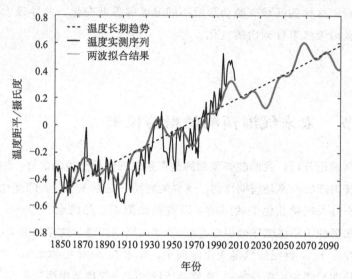

图 5-2　观测的过去全球平均气温序列（黑实线）和长期趋势（直线每百年变暖
0.44 摄氏度）及 21.2 年和 64.1 年两个周期叠加的 21 世纪气温预测

资料来源：同图 3-3

　　美国尼古拉·斯卡菲特在 2010 年 3 月 18 日的私人研究报告[①]中利用了 HadCRUT3 的全球气温观测序列对 21 世纪的气温作了预测（图 5-3）。在他的观测序列分析中，1850 年以来全球气温以一根"翘尾巴"曲线上升了 0.75 摄氏度，而且 20 世纪的后 50 年尾巴翘得更高。这种翘尾巴气温变化比曼等早期的"曲棍球杆"气温变暖得还快。全球气温为什么这样加速上升？原因并不清楚。当剔除这一翘尾巴变暖趋势后，尼古拉·斯卡菲特分析发现，全球气温变化中有 20 年和 60 年两个周期，与天文因素有关。根据这样的观测资料处理方式，他对未来气温的预测必然是继续在翘尾巴的趋势上叠加 20 年和 60 年的两个周期变化。于是，在他的第一个预测结果中，21 世纪末气温达到 1.3～1.4 摄氏度。这一结果也在 IPCC

　　① 斯卡菲特·尼古拉.Climate change and its causes：a disscussion about some key issues. http：//scienceandpublicpolicy. org/images/stories/papers/originals/climate_change_cause. pdf. 2010

（2007）的预估范围（1.1～6.4 摄氏度）内。他本人并不赞同 IPCC 报告对未来气温的预测结果，于是又给出了一个完全不考虑那个翘尾巴趋势的未来气温预测。第二个预测完全由 20 年和 60 年两个周期的叠加决定，2020～2030 年气温在 0.2 摄氏度附近，21 世纪 60 年代达到 0.4 摄氏度，21 世纪 90 年代又回到 0.2 摄氏度。他正处于两难的境地，不考虑那个翘尾巴是没有道理的，考虑了翘尾巴又与 IPCC 报告的论断一致，而且 IPCC 报告认为天文因素引起的 20 年和 60 年变化仅仅是一些微不足道的小扰动。

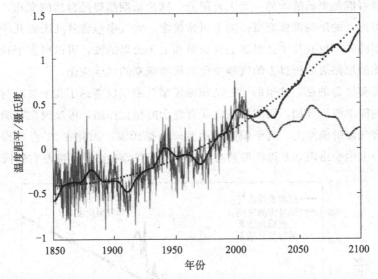

图 5-3　1850～2008 年全球温度（细线）和用 20 年与 60 年周期重构的温度
（粗实线），点线是温度的二项式拟合曲线及其未来预测
资料来源：同第 114 页脚注①
预测 1（实线）是二项式预测与两个周期预测的叠加；
预测 2（虚线）仅仅是两个周期预测的叠加

　　在以上的"二波预测模型"基础上，还可以叠加百年尺度的周期波动。如果把 179 年的周期波动叠加到二波预测模型上，过去历史拟合的和未来预测的温度变化称为"三波预测模型"（图 5-4）。三波更能拟合出 19 世纪 70 年代和最近十年的暖平台，也较好地拟合出了 1910 年前后和 1970 年前后的冷低谷。由三波（独立的 21.2 年＋64.1 年＋179 年周期）与长期线性趋势的叠加预测，全球平均气温从最近的暖平台开始阶段性下降，到 2035 年达到一个低谷，平均温度在 0.22 摄氏度，之后温度又开始逐步上升，到 2068 年达到一个 0.58 摄氏度的一个新的暖平台。在 21 世纪末，全球平均气温在 0.31 摄氏度附近。

这些，二波和三波预测模型意味着什么？二波相当于在全球大气中考虑了两个已知的 21.2 和 64.1 年周期波动与一个百年以上趋势的叠加。三波叠加相当于在全球大气中考虑了三个已知的 21.2 年、64.1 年和 179 年周期波动与一个百年以上趋势的叠加。在这些预报模型中普遍存在 64.1 年的周期波动和一个百年以上的趋势，其中 64.1 年的周期波动是最主要的，而百年趋势可能是更长波动的一个上升部分。这个长期趋势是自然的变化，还是受人类活动的影响需要有更长的资料来确定。大气中包含从几天到几十年和上百年的波，也有几十公里到上百公里和上千公里的波，可以用多个独立波动叠加的思路去分析过去的气候变化和预测未来的气候变化。

需要注意的是，这里的"三波预测模型"中仅仅考虑了几个波动与百年趋势的简单线性叠加，而波与波之间有复杂的相互作用，可反映在观测气温与拟合气温的偏差上。这个偏差可达到 0.2 摄氏度。因此在 21 世纪预测的暖平台上也会出现 0.8 摄氏度的高温，在冷低谷处会出现零度左右的低温。

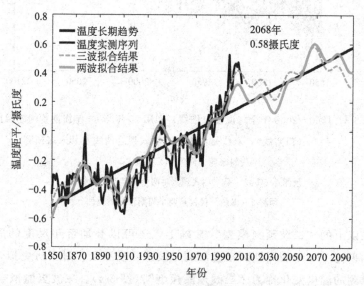

图 5-4　观测全球平均气温序列及其周期函数模拟与 21 世纪气温预测

资料来源：同图 3-3

1850～2008 年逐年全球平均气温距平序列（黑折线）；长期趋势（直线，0.44 摄氏度/百年）；21.2 年＋64.1 年周期函数线性叠加和预报（虚曲线）；21.2 年＋64.1 年＋179 年周期函数线性叠加和预报（实曲线）

第六节　两只拦路虎——热对流与转折性

1962 年，气象学家萨尔茨曼（Saltzman）把大气动力学方程组简化成了一个自由对流的模型。1963 年，气象学家洛伦兹（Lorenz）又把萨尔茨曼模型作了更大的简化，称为洛伦兹系统。这个模型可以用数学的方式描述，也可以用实验验证。设计一个实验模型，上下为无限大的隔板（平板），中间放置流体。保持上板温度不变，下板温度升高，上下板之间会形成温差。当垂直温差梯度大于某一临界值的时候对流就会发生。进一步增加温度，垂直温差继续增大会出现湍流等剧烈的对流。烧水时也可以看到类似的对流发生。我们在对流的地方做个记号，发现再次做相同的试验，那个确定的临界温差值没有变，但对流的位置发生了变化。这就是天气预报员为什么在夏季发布预报时，用类似"下午到上半夜，'局地'有时有雷雨、大风"这样预报术语的道理。下午到上半夜垂直温差的条件常常满足，但局部雷雨在哪里，是不确定的。从确定论的观点看，如果我们能够描述流体中每个分子的瞬时运动，也就是我们测量到世界上每只蝴蝶的初始运动，每个分子（或蝴蝶）最初的扰动就可以确定了，对流就与那只蝴蝶有关。正是因为不能对每个分子和每只蝴蝶做精确的观测，也就无法做出准确的"局地"位置上的降水预报。雷达和卫星得到的降水云图仅仅是对降水发生时的跟踪。

洛伦兹讲笑话说，"老太太说幸而我们没有住在'局地'，否则天天有雷阵雨了。"其实，我们有些预报员自己也不喜欢这种预报用语，但对于这种难以捉摸的区域性小规模对流性天气，"局部地方有时有雷雨"也成了不得不说的惯常用语。

对大气中对流性降水，能够预报的是有利于对流发生的宏观条件，但发生地点和准确时间是无法确定的。地震预报和对流性降水地点和强度的预报相似。当地幔发生水平大尺度运动时会引起一些地区地壳的相对运动。地震就会发生在那些运动的脆弱板块的边缘，但具体的地点和时间是难以确定的。原因也是对地下运动的细微结构没法观测，甚至目前对大尺度的地幔运动的观测也有困难。没有观测的初始值（一种现象），即使有

117

确定的预测模型，也预报不出未来值（另一种现象）。

有时候，人们对预报的要求并不高。如人们只希望知道：明天是下雨，还是不下雨；未来 20 年全球气温是升高，还是降低。但转折性预报的难度就大了。比如，由长期的天天不下雨到下雨，或者天天下雨到不下雨，或者从过去几十年的全球变暖到未来几十年的降温，这样的预报叫转折性预报。

洛伦兹的云对流数学模型不但解释了天气的可预报性问题，也推动了复杂性数学的发展。洛伦兹（1963）构造了由三个变量组成的一个复杂性动力学系统。如果把三个变量在某一时刻的数值作为三维空间中一个点的坐标点出来，这些点随时间在空间中的变化是一条弯曲的轨线，记录了系统的长期行为。洛伦兹玩的游戏就相当于转方巾的演员玩的游戏。一只方巾在演员的右手一个指尖上旋转。方巾一会儿旋转慢，一会儿旋转快，一会儿旋转的幅度大，一会儿旋转的幅度小。每次旋转有不同，但这些旋转具有相似性，都围绕右手在转。观看者不知道演员什么时候又把方巾交换到左手指尖上来旋转。在左手指尖上，方巾又不断旋转并且变换着速度和幅度。这里就存在着确定性和随机性。确定的是方巾只在两个手上交换旋转，旋转又有相似性。不确定的是，不知道什么时候方巾从一只手上到了另一只手上。

如果把演员旋转方巾在空间中随时间变化的中心位置点画出来，点长此以往所在的点线是围绕着两个平衡点 C 和 C' 作的非规则振荡（图 5-5）。这两个平衡点 C 和 C' 就像演员的两只手。它描绘出一种奇怪的，特殊的形状，像是三维空间中的一种双螺旋，又像蝴蝶的一双翅膀。

这种双螺旋，或蝴蝶的双翅膀好比季风区天气的两个平衡态。在夏季风期间几乎天天下雨，天天预报下雨的准确率很高。在冬季风期间，天天预报晴天的准确率也很高。难点在于转折性预报，如从冬季风到夏季风（或入梅，进入梅雨季节），或出梅的预报；以及从全球平均气温长期变暖到降温的预报。季风和全球气温变化就像洛伦兹系统中的变量演变一样，存在确定的成分，一旦进入一个平衡点后，会以相似的振荡维持一段时间，同时也存在不确定的成分，不知道什么时刻这个点突然发生转折。气候分析和气候研究任务之一，就是认识气候变化过程中有几个平衡点，类似有几只玩方巾的手，发生不同平衡点之间转换的条件是什么。

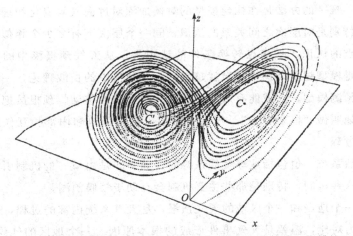

图 5-5　洛伦兹系统中变量随时间变化画出的相空间轨线（蝴蝶的双
翅膀），也是一个演员双手玩的旋转方巾的中心点轨线

第七节　可预报性"水涨船高"

　　人们希望预报的时效要足够的长，预报准确率也要足够的高。让我们
再回到拉普拉斯的公式，或者附录 C 中的数学模型中来。人们正在研制更
加尖端的仪器，发展更先进的探测技术，以对全球气候系统的方方面面做
出更为精确的观测。在动力学上，联系各种尺度相互作用的计算方案将能
更好地刻画复杂性系统的动力学行为。外部强迫的气候响应问题也得到了
广泛的研究。数值预报模型的发展推进了计算机能力的提高，同时计算机
的发展也加快了预测模型的研发、预报水平的提高和预报时效的延长。未
来计算机的计算速度很快，眨眼间，几年后的预测结果就出来了，真正让
预报走到了时间的前面。所以，围绕这样一个数学模型，人们在从事仪器
的更新，探测技术的提高，动力学的研究，气候变化的研究和计算机的开
发应用等，形成了很多的分工。人们持之以恒的努力，目标是要通过数学
模型给出逼近实际的长时间天气预报和气候预测。

　　明天的天气预报，到明天就可以得到验证。验证以后可以改进或者废
除这个预测模型。但对未来几十年和百年的气候预测，人们目前还没有办

119

法验证。唯一的办法是在构建模型的时候加深对过去气候变化物理本质的认识，特别是对层次之间关系的认识，同一个层次下有多少个相似变化状态平衡点的认识，平衡点转换条件的认识等。从天气预报模型的发展来看，不是模型越复杂预报结果就越好。天气预报中的长波理论，一个非常简单的预测模型，它就能有效地描述大气中波动的移动。预报员把这种波动形象地叫做"槽来脊去"。气候变化是一些外强迫和内部相互作用波动的叠加过程。

自然系统，也包括地球气候系统的变动并非是由单一的机制引起。充分认识这些机制，特别是那些主要机制会有助于气候预测。

对一个地点和一个区域的天气预报，是大气系统内部的过程，大气内部的热力对比，温差是天气事件形成的根本原因。一个地区的气候预测，是气候系统内部的过程，也是不同部分温差的结果。而全球气温十年以上的变化是地球系统受外强迫影响的结果。这三类预报需要构造三类不同的系统。每种系统预报的方法和思路都不一样。

不同的人对待自然的思考方式是不一样的。牛顿、爱因斯坦、海森堡、洛伦兹和普里高津是人们敬重的五位大科学家。牛顿是经典力学和微积分理论的创始者，他能把事物去粗取精，又为常人所理解；爱因斯坦把艺术和科学结合起来，他能看到常人所看不到的表面现象背后的秩序与层次。海森堡提出了著名的"测不准原理"，他能听到自然的歌曲中还有噪声。洛伦兹是复杂性动力学研究开创第一人。经历三个世纪，现代文明的发展走过了从牛顿的"ε-δ"微积分语言到洛伦兹的"蝴蝶效应"过程。与洛伦兹不同，另一个几乎同期的科学家普里高津提出了解释复杂性问题的另一途径，即非平衡态热力学。普里高津认识自然不再是从单个质点出发，而是考虑无穷质量的集体行动。不可否认，这五位科学家都具有高超的思维能力。

对自然界真理的认识和科技进步，都离不开思维活动。天气和气候的预测是长期以来人类的思维活动。正确的思维活动符合自然规律，能够把握事物发展的本质和脉搏。我国著名气象学家丑纪范院士说："事实表明，不了解物理性质和物理根源做出的预报，往往不大准确。"他又指出："应该支持对全球气候变化史作精密的定量研究，以便寻找能表示气候变化因果关系的一些因子并探索有无可能对未来数年、数十年的气候做出有实用意义的概率预报。"当前世界上有 40 多种数学模型，美国就有 10 多种，彼此差别很大。他分析认为，只有一点是共同的，就是与现实情况相差甚远，性能与不同模型的描述结构有关。这些不完全的结构只代表过去的认知，不代表未来，动力学模型仍然受到了认知的限制。

第八节　预测要立于不败之地

凡事先要预估可能会出现的几种结果，才能立于不败之地。未来事件会出现的几种可能结果大多数就在过去的历史之中。事件破历史记录是因为人们掌握的记录太短。在自然的和社会的历史长河中，首先寻找不同种类的事件给予归类，并认知这些事件产生了什么后果，需要怎样防范。其次是寻找指标和条件，对事件的发生作出预测。有了历史性的研究，再对未来做出预测才能有备无患。

本章提到了两个笑话。一个是按照算命先生的"生辰八字"，对两个同时出生在船上孩子20年后前程的预测，这相当于年代际气候预测。另一个是那个老道人对三个进京赶考学子的前程预测，这相当于几十天的短期气候预测。但老道知道有几种可能的预期，用现在的话说叫有几种气候归宿（引吸子）。

掌握足够的历史资料，研究历史气候变化的规律，分析气候的几个归宿，提出应对这几个归宿附近极端事件的措施，是人类发展处于不败之地的保证。近几十年来持续暖冬，北半球气温持续升高，植物生长季延长，但也增加了蒸发干旱化的不利因素。如果按照变暖的趋势，预报未来继续变暖，人们可能会大面积引进喜温（不抗寒）植物，或者改种单季稻为双季稻。但完全相信变暖的气候归宿，而忽视气候变冷的归宿，距离冰冻危害已经不远了。不作两个归宿的考虑就会印证一句俗语"人无远虑，必有近忧"。全球平均气温下降，不是没有可能，区域降温更不是没有可能。

2010年上半年，在我国西南地区发生了严重干旱，在我国北方地区发生了低温冰冻，在华南和长江流域一些地区发生了洪涝。夏季又面临着华南洪涝后的热浪和华北的热浪同期出现。进入10月月初，海南岛又发生了严重洪涝灾害。这正是大气中的"一波未平，一波又起"。这种大气波动一波接一波不是偶然。在海洋上，大尺度的海温异常变化没有停止，

121

必然导致"风不停，而浪不止"。2009 年秋季到 2010 年春季赤道太平洋海洋上发生了强的变暖（厄尔尼诺）事件，进入夏季以来赤道太平洋海温又快速下降，形成了冷水（拉尼娜）事件。热带海洋的冷暖剧变，怎么能不引起大气的冷暖剧变呢！这种冷海洋对秋季台风和冬季冷害也是不可忽视的热力异常。

第六章

无风不起浪

　　"无风不起浪"，有风必有浪。波浪是水中能量的聚散变化。热浪和冷涌是大气中能量的聚散变化。波浪存在于不同的介质之中，起源于相邻地区的热力差异和力的驱动。大小波动的叠加会形成极端事件或突变事件。然而我们能够找到极端事件和突变事件发生的根源吗？

　　北宋的东坡居士苏轼（1037～1101）有《题西林壁》的诗：

　　横看成岭侧成峰，远近高低各不同。

　　不识庐山真面目，只缘身在此山中。

　　诗人不正是描写了与地形有关的"波浪"吗？横看成岭是大尺度，侧看成峰是小尺度。在地质史上，大小尺度的地质运动"波浪"被凝固了下来。每个尺度的"波浪"是规则的，但它们叠加起来就远近高低各不同了。要识庐山真面目，就要走出此山中。

　　高温热浪、低温冷害、洪涝、干旱，是经常发生在大气中的四类"波浪"型极端气候事件。

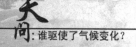

第一节　海洋冷暖巨变——极端气候事件的罪魁

热量只有在从高温流向低温的过程中才能做功，这符合热力学第二定律。"热生风"是指风只有在高温热源和低温冷源之间才能形成。一般地，大气整体变暖不会产生水平风的变化和区域气候的异常，不会造成一个地区的洪涝和相邻地区的干旱。但人们常常看到，相邻地区同时发生了相反的异常气候现象，这是由不同地区温度差异所致。

大气就像热机，温差驱动着大气环流。海陆风由海陆温差的日变化所致，形成在海陆交界的一定范围内。白天，陆面受太阳辐射增温快于海面，陆面温度比海面温度高，海风由海面吹向陆面，这个过程就是"热生风"。如果大气中水汽较多，降水就可能发生在沿海岸的陆面一侧。海风导致水汽在陆地辐合上升，成云致雨，这就是"风生雨"。夜间，陆面降温快于海面，海面温度比陆面温度高，陆风由陆面吹向海面。因于南北半球太阳辐射引起的温差形成的跨南北半球的风随季节的变化称为季风。海陆不均匀分布又改变了全球季风的地理分布。于是，地球上有多少个尺度的温差就对应大气中有多少部大气环流热机。

对太阳辐射强度在某地的季节变化和长期变化，大气温度变化都有一个滞后响应。长期气温变化与太阳辐射的变化息息相关。当太阳辐射强度随季节变化而变化时，地球表面不同纬度得到的热量也将随之变化。太阳辐射的纬度差异和海陆热含量差异会直接形成区域的热力差异，对大气环流和气候产生影响。

常见的区域性气候异常有五种形式：持续性大范围的干旱、雨涝、高温热浪、低温（冰冻）冷害，还有频繁的强风暴活动，包括海洋上的风暴和大陆性的风暴。强的海洋风暴会形成强风和强降水及风暴潮，带来巨大的灾害，强的大陆性风暴也会造成风雨灾害，在干燥的中纬度地区，还会形成沙尘暴天气，对生态环境有重大的影响。这五类气候异常事件都是区域温度异常的产物。

人类在面对这些风暴时有些"力不从心"，对引起气候异常的赤道太平洋海温变暖也是"望而生畏"。人类若要对全球气候变暖"采取行动"，

124

抑制气候变化，难度可想而知。

　　由于海洋的热容量巨大，海温变化对全球气温有决定性的影响。用覆盖全球 1950 年至 2010 年 5 月的逐月海温，先计算出每个地点上的海温在该月的多年气候平均值，再用当月观测值减气候平均值计算出每个月的距平值。在同一个月，如果全球海洋正的海温距平累加度数超过负的距平累加度数，则表示这个月全球海洋暖了，反之，则冷了。用 60 年的逐月海温距平累加值又可以比较看出，整个海洋是否在变暖，还是有阶段性的冷暖变化。图 6-1 是把每个月全球正的和负的海温距平分别累加起来得到的 1950 年以来的逐月海温距平随时间的变化。过去的 60 年中，表层暖海水的温度是增加的，而冷海水的温度是减少的，这表示全球海洋在长期变暖。20 世纪 70 年代中期以前，全球冷海水比近 30 年多。20 世纪 90 年代以来，特别是 1998 年以来，全球暖海水进入了一个高值时段。总体来看，全球海洋是变暖的，但近十多年来全球海洋变暖的趋势平缓了，冷海水表现为 10 年左右的振荡。1998 年以来，全球暖海水出现了缓慢下降的变化。并由此在 21 世纪之初，出现了一个暖水平台。全球海洋冷水与暖水还具有年与年的不同变化。

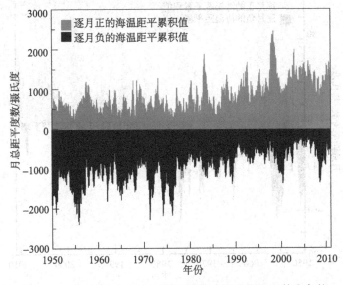

图 6-1　1950 年至 2010 年 5 月全球格点逐月海温正的和负的

距平值分别累加的序列

零线以上表示暖海温的总和；零线以下表示冷海温总和

　　赤道中、东部太平洋的海温变化幅度是全球最大的，因此人们多用这一区域的海温变化作为海洋年际变化的信号。局地海洋变暖会形成不同地区的海洋和大气的温差。这样的温差会导致大气环流的异常和区域气候的异常，干旱等五类极端气候事件就可能在不同的地方相继发生。图 6-2 是把赤道太平洋（赤道两侧南北 5 个纬度内）正的和负的海温距平分别累加的序列。那些独立的一次又一次的正的海温距平就表示发生了海洋暖事件。1997 年年底至 1998 年年初出现了过去 60 年中最强的暖水事件，其间赤道太平洋上只有一个月出现了微弱的冷水。1955～1956 年出现了强度最强和时间最长的冷水事件。1973 年年底至 1974 年和 1975 年年底至 1976 年年初出现了相邻的两次冷水事件。这样的区域性海洋变暖和变冷是区域极端气候事件产生的根源。尤其值得注意的是，1972～1973 年从暖水到冷水的快速转变，以及 1998 年发生的快速转变，反映了海温大起大落。70 年代末以前经常出现强的赤道太平洋降温现象。以 70 年代末为界，前面冷水事件多也强，之后暖水事件多且强，整个序列中包含了年代之间的海洋变暖趋势。图 6-2 中海洋冷暖事件强弱的分辨和长短的确认是相当清楚的。

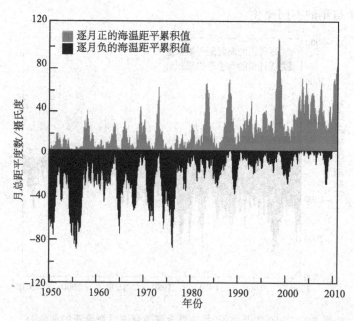

图 6-2　1950 年至 2010 年 5 月赤道太平洋正的和负的海温距平分别累加的序列

零线之上的海温积累可以分辨出暖水事件；零线之下的海温积累可以分辨出冷水事件

　　赤道中东部太平洋每隔几年会出现冷暖水交替转换的现象。这一区域上海温超过气候平均值达 0.5 摄氏度以上并持续一定时间就称为厄尔尼诺事件，反之低于气候平均值 0.5 摄氏度以下一定时间称为拉尼娜事件。世界气象组织（World Meteorological Organization，WMO）2010 年 7 月 6 日在日内瓦公布消息称[①]，厄尔尼诺现象将减弱，接下来拉尼娜现象将会出现。这次拉尼娜现象从 2010 年 6 月月初开始到 7 月月初，低于－0.5 摄氏度以下的偏冷海水已经覆盖了赤道中东部太平洋，而且 50 米以下的次表层出现了低于正常 5～6 摄氏度的冷海水。拉尼娜和厄尔尼诺一样，都是多种气象灾害的罪魁。2008 年发生了拉尼娜，2009 年发生了厄尔尼诺，2010 年又来了一次新的拉尼娜。很多分析认为，这三年我国先后出现的低温、干旱、洪涝、热浪等气候极端事件，与海温的剧烈变化有关。

　　厄尔尼诺和拉尼娜的出现会引发可怕的极端气候事件，然而它们之间的快速转换更为可怕。这种转换标志着海洋热量变化的"大起大落"，海洋的"兴风作浪"必然会导致大气环流异常和不同地区的气候异常。大气对海洋热变化的反映总体上有一个时间的滞后。在海洋处于热变化大调整的期间，大气环流更不稳定，环太平洋地区的天气气候变幻莫测，给预测带来了挑战。

　　严重低温冻害、强沙尘暴、强台风、强热浪、异常旱涝等是我国常见的自然灾害。只要有大区域性的冷暖差异，气象自然灾害就可能发生。海洋冷暖变化越强烈，气象灾害也会越严重。1998 年的厄尔尼诺到 1999 年的拉尼娜海温变率很大，在此期间我国气象灾害频发：先是 1998 年夏季我国长江流域大涝，接着长江以南从 8 月 7 日开始出现 21 天的极端闷热天气，然后 9 月 6 日开始从北方到我国西南和长江中上游出现了一次长达 307 天的持续干旱，创下了最久干旱事件的纪录。热浪与低温，干旱与洪涝常常会在相邻地区同期或先后发生，具有群发性和后续性，这都与海洋和陆地表面出现的强烈加热差异有关。"热生风，风生雨"，就是这些事件背后的原因。

　　历史上没有两次厄尔尼诺事件，也没有两次拉尼娜事件，在强度和持续时间上是完全相同的。近十年来，赤道太平洋的海温异常多表现为中太平洋的局部海域增温，或者降温，主要表现在冬春最强并不扩展到赤道东

----

①　世界气象组织. 厄尔尼诺现象正在迅速减弱. 中国新闻网. 2010-07-07

太平洋, 人们把它们称为"假厄尔尼诺"和"假拉尼娜"。21 世纪初, 几乎是每隔一年就出现一次"假厄尔尼诺"事件, 对应当年夏季我国淮河流域发生大水, 与"真厄尔尼诺"当年我国江南多降水的统计特征不同。2010 年的"真拉尼娜"事件已经形成, 并将在年末发展到峰值。对厄尔尼诺和拉尼娜的预测时效只有几个月到一年。

在日常生活中, 人们常常抱怨自己遇到的事件是世界上最糟糕的, 当前的气候灾害也是历史最强的, 其实不然。1998 年的长江洪涝就比不上 1954 年的洪涝。近十多年来我国南方的热浪频次多, 但强热浪主要出现在 20 世纪 60 年代, 1963 年南方先后两次热浪, 累计 67 天。1967 年年底的低温冷害时间要比 2008 年年初的长 10 多天。

1949 年以来, 共发生了 13 次拉尼娜事件, 其中有 7 次拉尼娜事件起始于厄尔尼诺事件的衰弱年。如果把赤道中东太平洋的海温在正负 0.5 摄氏度之间作为海温的中性状态, 2010 年从厄尔尼诺到拉尼娜的转换期起始于 2010 年 5 月 5 日的那一周, 终止于 2010 年 6 月 2 日的那一周, 经历近一个月。选择不同的区域做指标, 海温的转换时间有差异。2010 年的转换速度不是最快的, 1998~1999 年从厄尔尼诺到拉尼娜经历的中性状态只有一周左右, 也体现了先"大起"后"大落"的快速转变特征。厄尔尼诺和拉尼娜反映了海洋与大气相互作用的不同阶段, 但它们有所谓的耦合期和平静期之分。在耦合期, 既有海洋的异常巨变, 也有大气的巨变, 而且厄尔尼诺和拉尼娜事件接连发生。目前人们对大气的变化过程了解较多, 而对海洋内部的变化情况了解相对少。大气变化迅速, 海洋变化缓慢。大气往往用快变掩盖慢变。对持续性气候事件, 了解海洋中的慢变更为重要。

第二节 天气波动的"恶作剧"——干旱事件

2009 年秋季到 2010 年春季的我国西南干旱有多个先后连续的干旱期, 也是大气中波动影响的结果。2009 年 11 月 5 日至 2010 年 4 月 7 日, 我国西南地区包括云南、贵州、四川、广西和重庆等西南五省(市、自治区)发生了有气象观测记录 60 年以来的特大秋冬春持续性干旱事件。其中, 干旱最为严重的是云南省, 从 2009 年的 9 月开始, 到 2010 年 4 月中旬结束，这次干旱事件持续时间特别长，实属百年不遇的气象灾害。这次持续干旱导致了 6420 多万人受灾，110 多万公顷农作物绝收，直接经济损失达 246 亿元。西南地区很多河塘干枯，人们的生产和生活受到空前的威胁。

　　仪器观测的气象变量中包含了正常气候和异常气候的信息。研究气候事件要从观测变量中提取出异常气候的信息部分。利用过去 30 年的逐日资料平均就可以得到 365 天的气候年循环变化，它不需要预报，只需要认识。用观测的某一年逐日变量减去对应日的气候变量就得到逐日的偏差变量。有分析价值的和有预报意义的是那个偏差变量。研究气候事件的前提是把正常气候与异常气候分开。这个干旱的例子可以说明分解的作用。2009 年夏季气候并无异常，4~5 月还出现了湿异常。2009 年夏秋季降水偏少，干旱指数比多年平均低，11 月进入干季后加上连续三次干旱波动。可见，这次干旱事件是前期降水偏少和后期（2009 年 11 月至 2010 年 3 月）三个大干旱波动累积的结果。每个大干旱波动中还可以分辨出两个小的干旱波动。

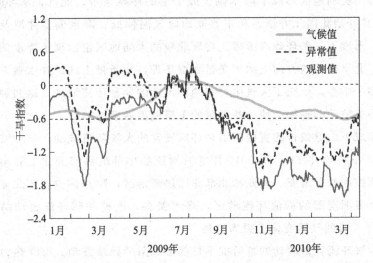

图 6-3　2009 年 1 月 1 日至 2010 年 4 月 13 日我国西南地区区域平均的干旱指数
粗实线：气候逐日干旱指数；细实线：观测的逐日干旱指数；虚线：异常的逐日干旱指数

　　气象部门用干旱指数表示干旱的严重程度。干旱指数值越小（负值越大），表示干旱程度越强。从 2009 年 1 月 1 日至 2010 年 4 月 13 日的西南地区干旱指数逐日变化序列中可以看到异常干旱相对年变化的偏差或偏离

（图 6-3）。气候上，我国西南地区也属季风区，一般只在 6～9 月是正常的湿润气候期。11 月到次年的 4 月是干季，5 月和 10 月是过渡季节。图 6-3 中的虚线表示异常的干旱指数，2009 年秋季至 2010 年春季有四次异常干旱的过程。它们叠加在气候干旱上，加剧了这次干旱的发展。2009 年夏季气候并无异常，而在秋季和冬季的干旱一次比一次强烈。2010 年年初出现了第三次干旱时段，3 月出现了第四次干旱时段。可见，这次干旱事件是"四段连旱"的累积结果。干旱集中的时期跨越了秋冬春三季，其中最为严重的时期是在 2010 年的春季。持续的异常气候事件往往与多次异常过程相继发生有关。长期的严重干旱是由几段干旱过程累加而成的。我国每次出现流域性持续洪涝灾害也都由几次大降水过程累加形成。我们在第三章中讨论的小冰期也是由三次冷时段累加形成的。

从全球的干旱和雨涝分布来看，2010 年冬春，我国西南的降水偏少仅仅是东南亚降水偏少的一个部分。东南亚的越南、缅甸和菲律宾也发生了持续性的干旱。由东南亚向西延伸到南亚（印度），经过阿拉伯半岛到北非和南美洲地区形成了降水偏少或干旱的环球条带。此外，从 2009 年的 11 月开始我国北方新疆和东北亚地区气温偏低、降水偏多并波及欧美地区，形成了一条环球冷湿带。在环北极的大陆地区也出现了降水偏少的分布。北半球东西方向上的干条带和湿条带，和条带上区域降水偏多和偏少的多个中心，反映了大气中存在两种尺度的异常环流波动。这两种尺度大气环流波动的叠加会使一些地区的干旱或洪涝事件加剧。

形成干、湿条带的直接原因是环球异常的大气环流波动。这种波动作用可以从 2009 年 11 月至 2010 年 3 月对流层中部的环流变化上看出。异常高压控制的东南亚、南亚和北部非洲热带地区，降水偏少。东北亚、欧洲和北美洲南部的低值环流地区，降水偏多。这种环球环流波动结构在 2010 年 3 月的气压变化上更为清楚。

大气环流异常波动的幕后推手是热带海温的异常波动。海洋热力异常导致大气环流异常，大气环流异常形成干、湿异常。2009 年 11 月至 2010 年 3 月，海洋出现了持续性的厄尔尼诺增温事件。海温异常在热带地区呈现条带异常偏高。在这一条高海温异常带上，还叠加有位于赤道中太平洋、赤道以北大西洋和热带印度洋上的高温中心。海温异常的这种条带波动和异常波动中心正是大气环流异常波动所需要的动力来源。

第三节　冷暖气团的邂逅——低温冰冻

　　异常的气候表明实况气候相对正常气候发生了偏离。西汉刘安的《淮南子·天文训》里总结的 24 节气是从祖先长期的天文观象经验而来的，是对正常气候的描述。24 节气表示地球在黄道上位置的天文历法，包括：立春、雨水、惊蛰、春分、清明、谷雨、立夏、小满、芒种、夏至、小暑、大暑、立秋、处暑、白露、秋分、寒露、霜降、立冬、小雪、大雪、冬至、小寒、大寒。它把雨、雪、霜、露、寒、暑等的气候资源与农事安排联系在了一起，成为家喻户晓的实用气象信息。对于现代农业，24 节气的季节划分有时还不够，气候的异常偏离也不可忽视。

　　低温冷害是气温偏离了正常的气候节律。2008 年 1 月中下旬，适逢中国春运高峰期，一场范围广、强度大、持续时间长的雨雪和冰冻重大气象灾害袭击我国南方，尤其以 1 月下旬最为严重。这次灾害造成湖南、贵州两省电力设施严重受损，南方区域电网中有 4216 条线路被破坏。交通受到极为严重的影响，655 万多人受灾。在这一时段内，4 次相似的天气过程（波动）接连发生。与 2010 年年初的热带海洋变暖不同，2008 年年初热带海洋是 21 世纪以来最强的拉尼娜事件。在热带环球海洋降温的热力差异作用下，北方的冷空气可以直达我国西南地区，并与来自海洋上的暖湿空气相遇，形成稳定的冷暖空气对峙，也就形成了这次冰冻天气过程。这次近一个月的低温冰冻过程，既有大尺度海温异常的慢变作用，又有先后四次天气波动的快变作用。

　　大气中有很多不断变化的冷气团和暖气团，干气团和湿气团。在冷气团与暖气团相交的地带会形成冷暖对比。在干气团与湿气团相交的地带会形成干湿对比。这些冷暖和干湿对比的地带称为锋区，是异常降水和低温事件集中发生的地带。第一种是冷暖锋带，是温带气旋生成的地带，活动于北半球的中高纬地区。我国西北、华北和东北地区常常受到这种冷暖锋带和气旋的影响。冷暖锋带活动在一个地区长时间维持就会形成持续降水和低温事件。2010 年我国北方多个持续异常的低温雨雪和冰冻天气过程就与冷暖锋带的活动有直接的联系。第二种是干湿对比，并兼有弱冷暖对比的梅雨锋。它的形成与青藏高原有关，不超过高原的高度。梅雨锋是造成我国东部地区夏季连续低温多雨的天气系统。第三种是来自两个气团风向的对比，多发生于夏末和初秋的我国南方沿海地区，被称为赤道锋，是赤道辐合带向我国南方大陆的延伸。赤道锋在一个地区的长期维持也会形成连阴雨天气和多台风的天气。总之，我国由北向南有三种类型的锋带活动，它们都会产生低温连阴雨天气。

第四节　西风气流中的梗阻——肆虐洪水的祸根

在过去 60 多年的气象历史上，长江和淮河流域多次发生洪涝事件。最严重的洪涝事件有：1954 年的长江流域大水，1991 年的长江下游—淮河流域（江淮流域）大水，1998 年的长江流域大水。1954 年，洪涝范围是长江流域性的，降水最大中心在安徽的宿县附近，有多次降水过程。第一次降水发生在七月月初，超过了 150 毫米的日降水量。第二次降水发生在七月中下旬，也超过了 150 毫米的日降水量。第三次降水在七月月底，日降水量达到了 50 毫米以上。

1998 年的长江洪水仅次于 1954 年，为 20 世纪第二位全流域大洪水。1998 年 6~8 月长江流域面雨量为 670 毫米，比多年同期平均值多 183 毫米，偏多 37.5%，仅比 1954 年同期少 36 毫米。这一年汛期，长江流域的雨带出现明显的南北拉锯及上下游摆动现象，大致分为四个阶段。

第一阶段在 6 月中下旬，江南北部和华南西部出现了入汛以来第一次大范围持续性强降雨过程，总降雨量达 250~500 毫米。其中，江南地区包括江西北部、湖南北部、安徽南部、浙江西南部、福建北部和广西东北部的降雨量达 600~900 毫米，比常年同期偏多 90%~200%。

第二阶段在 6 月月底到 7 月上中旬，降雨主要集中在长江上游、汉江上游和淮河上游，降雨强度比第一阶段弱。

第三阶段在 7 月下旬，降雨主要集中在江南北部和长江中游地区，雨量为 90~300 毫米，其中湖南西北部和南部、湖北东南部、江西北部等地降雨量达 300~550 毫米，局部超过 800 毫米，比常年同期偏多 1~5 倍。

第四阶段从 8 月月初到 8 月月底，降雨主要在长江上游、清江、澧水、汉江流域，其中嘉陵江、三峡区间和清江、汉江流域的降雨量比常年同期偏多 70%～200%。

这四次降水过程是四次大气环流异常波动在降水上的反映，前后持续 2 个多月。这些大气环流波动有着更大的稳定性大气环流波动背景。从欧洲到远东地区出现了阻塞型环流，西北太平洋上副热带环流形势稳定。冷暖空气绕过青藏高原在长江流域交汇，形成了四次波动。

我国的历次洪涝都离不开阻塞型环流的出现和稳定。在北半球的中高纬度的大气中，正常运行的西风气流上叠加有小的波动。当北极地区与温带地区大气中温差增大到一定程度时，西风气流会出现大的波动，甚至出现很大的顺时针旋转和逆时针旋转的漩涡。它们阻碍了西风气流的顺畅前进。气象上把这些位于中高纬度的大尺度旋涡称为阻塞形势。阻塞形势一旦出现，中国东部的洪涝形势常常变成定局。这个洪涝形势可以形象地比喻为大气环流中的"四足稳固"形势。这里给出比较典型的，1991 年夏季发生在江淮流域洪涝期间的环流形势（图 6-4）。第一足是青藏高原，它驻守在我国的西南地区，岿然不动；第二足是西北太平洋副热带环流，它盘踞在我国东南地区上空，气势磅礴；第三足是阻塞型环流中的截断低压，它笼罩在西伯利亚地区，挥之不去；第四足是阻塞高压，它停留在俄罗斯的远东地区，寸步难行。阻塞高压是暖性高压，截断低压是冷性低压。在这一稳定的形势下，西风气流绕转它们由西向东运行。一股又一股的干冷气流和暖湿气流分别从高原的北侧和南侧汇集到长江口附近。从 1991 年 5 月 19 日到 7 月 13 日降雨有三个阶段。第一阶段从 5 月 19～26 日，大部分地区降雨达到 50～150 毫米，其中河南和安徽的部分地区达 150～300 毫米。第二阶段的 6 月 2～20 日，总雨量普遍有 130～410 毫米。第三阶段是 6 月 29 至 7 月 13 日，总降雨量普遍有 300～500 毫米，部分地区 500～800 毫米。位于苏北里下河地区的兴化站总雨量达到 1294 毫米，比常年全年降雨总量还多 278 毫米。

在"四足环流"形势中，阻塞型环流和西北太平洋副热带高压环流是一个更大层次的波动配对。它们之间的相对位置变化决定了洪涝发生在我国不同流域的位置。那些十天或半月的降水过程是"四足环流"形势下次级波动作用的结果。次级波动中还有更小尺度的波动和局地强降水。不同层次的波动为短时、短期和长期天气预报提供了基础。

这些不同时间尺度和空间尺度的波动一旦偏离正常的气候变化就会形

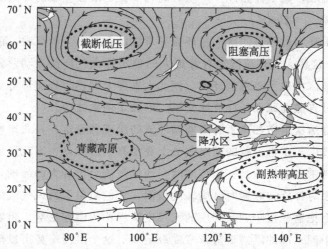

图 6-4 1991 年 7 月 1～5 日平均的 700 百帕流线图和"四足稳固"环流形势

成气候异常。对一个地区来说，7 月的气候降水量是 310 毫米，按照多年逐日气候分布均匀降水是正常的，但集中在 10 天内下了是不正常的。如果集中在 10 天下了 310 毫米的雨量，就会形成洪涝，庄稼被淹，而另外的 21 天干旱无雨，庄稼又会干死。这样高度集中的降水虽然总量正常，但是分布异常。

第五节   高温热浪中的蝴蝶图案

气象学上，人们把日最高气温高于 35 摄氏度定为高温天气，连续几天最高气温都超过 35 摄氏度称为热浪。在我国，热浪可以分干热浪和湿热浪。干热浪主要发生在北方，那里大气中水汽含量少，午后气温会很高，但夜间气温又下降很多，日温差大。湿热浪主要发生在南方地区。那里不但气温高，湿度也很大，日夜温差小，白天晚上都可以让人汗流浃背。在北方，连续多日的 35 摄氏度高温，人体舒适度下降。在潮湿的南方，32 摄氏度的气温就让人不能适应。所以，各地定义热浪的标准有所不同。华北在 7 月月底到 8 月月初，正是"七下八上"的华北雨季，湿度较大，也容易形成湿热浪。2010 年 7 月下旬就出现了湿热浪天气。过去

60 年中，我国最长的 10 个热浪事件都发生在长江中游以南地区，超过连续 30 天的热浪有 4 次，分别开始于 1963 年的 8 月 19 日、1991 年的 5 月 17 日，1961 年的 6 月 10 日和 1963 年的 5 月 5 日，其中最长的 37 天。在 10 次最长热浪事件中，20 世纪 60 年代、70 年代、80 年代和 90 年代分别为 5 次、2 次、1 次和 2 次，超强热浪还是冷期的 20 世纪 60 年代偏多。在 1998 年的长江大水之后，8 月 7 日长江中游以南地区出现的为期 21 天热浪，排在 60 年中的第 10 位。刚刚过去的 10 年，全球气温处于暖的平台期，但中国没有出现排名前 10 的热浪。

　　2000 年 7 月上中旬，我国北方出现了一次持续 21 天的热浪，覆盖东北和华北地区，其中部分气象观测站的气温超过了 40 摄氏度，而在远东俄罗斯地区，出现了持续的低温。热浪是一个比正常气温高的持续异常现象。当分离掉季节气候变化的正常波动后，留下的是天气异常波动。在一个跨越华北的南北垂直剖面上，事件发生前的热浪区上空，对流层整层大气都是异常变暖的（图 6-5）。这说明，热浪不仅仅是地面上的高温异常现象，也有上层空间结构的异常。热浪期间，空间上就有一个对称的异常图案。热浪区的低层大气是高温异常，而高层（平流层）大气是低温异常。在我国以北的俄罗斯地区，对应的地面和低层大气是低温异常，而高层平流层大气是高温异常。可以看出，地面的热浪和低温是上部对流层和平流层大气中温度异常和波动异常向地面的延伸。这个自然中美丽的图案，提供了热浪和低温预报的思路。这个图案就像一只大蝴蝶。在十多天前，它就开始出现并逐渐长大。现在国际上最好的计算机天气预报模型可以提供提前十天左右的可信的环流预报。由此推算，这样的热浪是可以提前15～20天作出预报的。这个提前 20 天左右的预报时间就是逐日天气预报的"极限"。

　　在以后逐日长期的天气预报中，人们可以用这样的"蝴蝶图"展示过去的天气变化、现在的天气实况以及未来的天气预报。2010 年 7 月以来，华南和华北出现了热浪，中间有长江流域的降水，用"蝴蝶图"就可以非常形象地描述它们的位置和强度随时间的演变。发生在我国华北的热浪不是来自南方，低温也不是来自北方。它们都来自上层大气中的冷暖波动。波动常常先在中高纬度高层自西向东，再由北南下到达华北。我国南方的热浪天气多与副热带高压异常活动有关，表现为由东向西的移动。这些波动在整层大气高度异常图上也清晰可见。在异常高压的下沉气流中，整层大气云消雾散，阳光明媚，地表温度升高，气温也随之上升，形成持续的高温热浪天气。

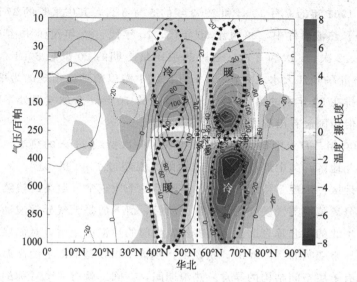

图6-5　2000年7月上旬热浪时经过华北上空的南北大气温度异常和环流异常
椭圆粗线区域表示温度偏高（正距平，暖）；椭圆细线区域表示温度偏低（负距平，冷）；
实线是环流正异常高压；虚线是环流负异常低压；纵坐标是气压表示的高度，相当于从
地面以上到10公里；华北热浪是上空一团暖气堆的向下延伸，十字粗虚线分开了"蝴蝶
图"中的四只冷暖"翅膀"

　　中国1960年以来有500～700个站可用的逐日观测气象资料。基础气温变化可分成三个时段，1960～1976年的冷期，1977～1989年的过渡期和1990～2008年的暖期。三个时期中，中国区域热浪事件的年平均次数是2.76次、1.92次和3.84次；中国区域低温事件的年平均次数是14.41次、11.69次和8.16次；区域性干旱事件的年平均次数是5.06次、5.85次和4.50次；连续三天的区域性大降水事件年平均次数是5.47次、4.54次和5.74次；一天的区域性大降水事件年平均次数是14.29次、16.31次和15.89次。热浪事件在平均温度增加的过渡期少，暖期多。低温事件在冷期多，暖期少。但最强的热浪事件也会出现在冷期中。干旱和雨涝事件与降水有关，干旱和雨涝事件在冷暖期和过渡期的频次没有区别。这说明，旱涝的发生频次与区域温差和大气环流异常有关，而与全球变暖、全球降温没有直接的关系。

第六节　横看成岭侧成峰

赤道附近接受到较多的太阳辐射，气温和海温高，而极地接受的辐射较少或接受不到太阳辐射，气温和海温低，于是形成极地与赤道之间的气温差和海温差。赤道上空气受热上升，受到对流层顶的限制，空气离开赤道向南北运动（图 6-6）。地球自转偏向力使运动的空气向右偏转，大致在北纬 30 度，气流偏转成为西风。空气会在那里堆积并下沉。这样，在对流层的中下部形成了一条环球的高气压带，叫副热带高压带。副热带高压带上无风，也称"马的死亡带"或"马纬带"。古代的马匹多用船只运输，当船只航行到此处时，常因无风而不能起航，船上的淡水越来越少，马匹经常因渴死而被扔到海里。

而在赤道上，上升的空气形成了环球的低气压带，也称为赤道辐合带，是环球的降水带和无风带。在对流层的低层，空气从副热带高气压带流向赤道辐合带。受地球自转偏向力作用，赤道以北空气的向南运动，在北半球形成了东北信风。这样，在赤道到副热带高压带之间形成了一个南北方向上的环流圈，以气象学家哈得来的名字命名，称为哈得来环流圈（Ⅰ）。但是，哈得来当时提出这一环流圈时，他还不知道地球的自转会对大气运动有影响，他把这个环流描绘成赤道上升的空气到极地才下沉。

北极附近受到的太阳辐射较少，特别在冬季接受不到太阳辐射，因此空气冷却下沉，地面为冷高压，在极圈内上层大气里有一个中心位于极地附近的冷性低压涡旋，简称为极涡。从副热带高压带到极地冷涡之间，空气自西向东运动，称为西风带。在这条西风带中，副热带高压带以北的暖湿气流与极地向南的冷空气相遇又形成了一条具有南北温度差异的环球条带。极地南下的冷空气在下方，北上的暖空气在上，它们的相遇形成了又一个辐合带，称为极锋。极锋对应的辐合上升位置在北纬 60 度附近，形成环球的降水带。在副热带高压带到极锋之间又有一个方向与哈得来环流圈相反的环流圈，称为费雷尔环流（Ⅱ）。

如果沿赤道带海温发生异常变化，哈得来环流就会发生异常，副热带

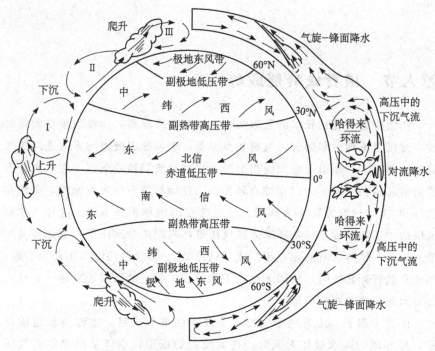

图 6-6　大气中的环流和风带
Ⅰ为哈得来环流；Ⅱ为费雷尔环流；Ⅲ为极地环流

高压带、费雷尔环流、中纬度西风带及其环球降水带也会发生异常，甚至造成极地冷涡的异常变化。极地异常降温，或者异常升温则会直接改变极涡的强度，并影响到西风带。

在没有热带海温异常对大气强迫的情况下，环球的气候异常也可以受到地球大气动力和热力的作用。由于地球的自转和曲面特性，地球自转角速度是处处相等的，但是一个大气质点从赤道向北运动时在北纬 45 度处从地球自转那里获得的西风角动量是最大的。另外，环球的西风带也阻碍了极地与中低纬度大气之间的热量交换，进而在它的南北两侧形成了强烈的温差。因此在西风带地区，南北方向上的角动量差异和温差增强就会造成大气的不稳定。而不稳定随时可激发形成大尺度的波动，借此波动，中纬度的暖空气可以到达北极，北极的冷空气也可以分股南下到中纬度地区，形成中、高纬度地区暖、冷气团的对调。

从 2009 年冬季到 2010 年春季，北半球中、高纬度带的暖、冷空气确实发生了长时间的位置对调。人们从大气要素的点相关计算中找到了相邻区域上的要素"跷跷板"式的振荡现象。位于北半球高纬度地区的"北极涛动"就是这样的大气环流振荡，表现为冷暖空气的大范围对调。北极附近的温度偏高对应大气环流的高度偏高，而西风带的中纬度地区温度下降对应的环流高度降低。这样的环流形式称为"北极涛动"的负位相，反之称为"北极涛动"的正位相，对应不同的气候异常。图6-7中点线内区域指示中纬度地区出现了几乎环球的大气环流高度降低带和其上叠加的波动，而在北极地区的大气环流高度偏高。在环球的大气环流高度偏低的条带上，还有3～4个低值波动中心。这也是"横看成岭侧成峰"，"岭"是具有较大尺度的波动，"峰"是叠加其上的小尺度波动。这些波动随时间变化，2009年12月有4个冷的大气环流高度低值波动，到2010年2月变成了3个冷低值波动。这些波动的位置与同期的异常雨雪发生位置一致。2009年冬至2010年春，我国新疆北部地区就长期被一个稳定的冷低压所控制，遭遇了多次长时间暴风雪的袭击。

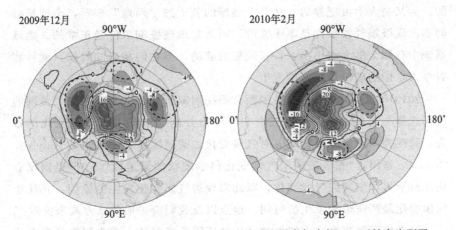

图6-7　北半球2009年12月和2010年2月对流层大气中部500百帕高度距平

点线内为负的高度距平中心；极地是正的高度距平中心

第七节　认识自然波动　防范自然灾害

热浪、低温、干旱、洪涝等四类极端气候事件是大气内部热力对比的产物,具有波动的空间结构。波动的传播有快有慢,越是稳定的波动,形成的持续性灾害越严重。认识这些波动的活动规律和区域特征以及激发这些波动的海洋和陆地加热对比是预测极端气候事件的关键。

有一类大气波动和海洋波动不是热力差异形成的,而是恒星、行星,或卫星引力差异造成的。这种波动称为天文潮汐。大气和海洋都会受到太阳和月球的引力作用,形成潮汐。一般地,一天中海洋有两次涨潮和两次落潮,称为半日潮。这是在月球影响下,地球的两侧引力差形成的海水辐合和辐散的日变化。月球引力的日变化就形成了潮差的日变化。一个地点上的潮差随时间的变化是一种波。这种局地的潮差与海水的大尺度水平运动是分不开的。海洋水平运动与上下潮差波动之间有内在的联系。

当天文潮汐波动与台风引起的风暴潮波动叠加时,极端的风暴潮事件就有可能发生。外源强迫的变化和地球系统内部的不均匀性导致的波动具有不同的尺度和演变特征。这些波动在什么时间,在哪里相遇,是确定的,但又是人不可把握的。从整个地球的若干的"局地"来看,全球长时间不出现极端气候事件是不正常的,而常常出现极端事件是正常的。地球系统中有那么多大大小小,长长短短的波动,当它们相遇的时候,就可能有令人吃惊的破纪录的事件发生。

2010年5月19日,由美国国会委托国家研究委员会开展的"美国的气候选择"项目,发布了由三个专门小组分别完成的关于气候变化的报告,敦促美国立即采取行动应对气候变化。美国国家科学院主席 Ralph J. Cicerone 指出:"报告表明了气候变化科学现状的紧迫性","但是国家必须让科学界详细研究气候变化,以此来理解气候变化发生的原因,并注意气候变化最严重影响发生的时间、地点以及我们应采取什么方式来应对。"

科学界通过研究来理解气候变化的原因是必要的,首先要把自然变化搞清楚。正像天气预报那样,预报雷暴、龙卷风等发生的具体时间和地点都不可能,要应对气候变化最严重影响发生的时间、地点、也只能是一厢情愿。如果知道了龙卷风将要发生的时间和地点,人们就可以提前撤离,预先防范。美国的龙卷风多,一般民房都有地下室,这就是防范措施。长期气候预测的不确定性更大,人们也只有估计极端气候事件出现的各种可能性,对此有所防范。

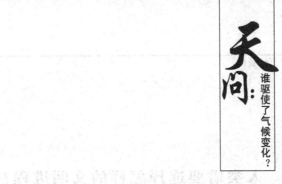

天问：谁驱使了气候变化？

第七章
问路在何方

　　人类从畏惧自然到认识自然，走过了漫长的道路。在认识自然之后，人类又试图改造自然。科技的进步，赋予人类更大的力量去开拓自然：向大陆进军，向海洋进军，向地下进军，向空间进军。为了发展经济，获取资源，人们"向大自然穷追猛打，暴力索取"。大自然步步退却，人类却沾沾自喜。北京大学季羡林先生指出："在一段时间以内，看来似乎是成功；大自然被迫勉强满足了他们的生活的物质需求，他们的日子越来越火红。他们有点忘乎所以，飘飘然昏昏然自命为'天之骄子'、'地球的主宰'了。"然而，自然一直没有停止变化，人类对此还浑然不知，甚至想当然，直到自然灾害突然袭来，才让人们如梦初醒，重新审视人与自然的关系。

第一节　人类需要选择怎样的文明进程？

　　大约在 200 万年前，原始人类用树枝和石块制造工具，这是旧石器时期。人类知道用火，并且有了原始的语言。他们由母系社会过渡到父系社会，形成了氏族和部落。原始人同自然斗争的力量还十分弱小，因此充满了对自然的恐惧。原始人类崇拜太阳、星星、雷电、烈火、山川巨石、动植物和祖先。2001 年，在中国成都出土的古代"太阳神鸟"金饰图案（图 7-1），就显示了古人对太阳的敬畏和崇拜。

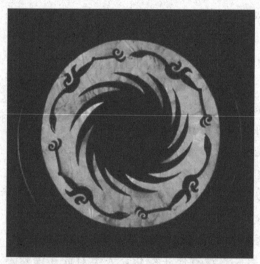

图 7-1　成都出土的古代"太阳神鸟"金饰图案

　　大约在 1 万年前，原始人学会了磨制石器，进入到新石器时期。家畜饲养和植物栽培取得成功，农业和畜牧业由此诞生。人类的第一次巨大进步发生在大约 6000 年前。那时，一些地区的人学会了冶炼金属，并产生了最初的文字。现代国家和地区的标志有国徽（区徽），古代氏族和部落的标志是"图腾"。中华民族的图腾是龙，是很多部落图腾的综合体。在人类历史上，民族与文明经历了多次的兴衰、融和与发展的过程。

　　大约在公元前 3000 年前，人类进入青铜器时期。尼罗河和两河流域的人们知道了兴修水利进行农业灌溉，开始使用轮子，创造和使用文字，并且出现了一些编年史。公元前 2500 年左右，金字塔和狮身人面像矗立在尼罗河河畔。

公元前 2000 年左右，文明从古埃及和两河流域逐渐扩展到巴尔干半岛南端和地中海的一些岛屿上。公元前 1000 年左右，古希腊文化发端，人类进入荷马史诗时代。

中国文字记录可追溯到公元前 1600 年的商代，编年史大约出现在公元前 800 多年。商朝之前有个夏朝，夏朝之前还有炎黄二帝及尧舜禹。甲骨文记录了古代商朝的国家大事、农业生产、对外战争和皇宫内部事务等。夏至商是石器到金属时代的过渡，也是汉字诞生的时期。商至周是从奴隶社会到封建社会的过渡期。

公元前 500 多年，对东方文化产生巨大影响的三位"圣人"是创立儒家思想的孔子、道家思想的老子和佛教创始人的释迦牟尼。与中国诸子百家交相辉映，同期的古希腊出现了大批伟大的哲学家和思想家，像苏格拉底、柏拉图、亚里士多德等。公元前 600～前 300 年是人类文明发展的第一个高峰，灿烂的文明之花在东西方盛开。

公元前 200 多年至公元 200 年，东西方同时存在着两个繁荣昌盛的大帝国：东方的秦、汉和西方的罗马帝国。在社会制度上，秦汉是封建制帝国，而罗马帝国是奴隶制国家。在此期间，中国在公元前 209 年爆发了历史上第一次（陈胜、吴广）农民起义，罗马帝国在公元前 73 年爆发历史最大规模的斯巴达克奴隶起义。

在公元 600 年之后的近千年中，东西方文化通过陆上和海上的丝绸之路进行了广泛的交流。在公元 1260 年前后蒙古帝国跨越欧亚两洲，东西方经济、文化和技术有了广泛的交流。中国的造纸术、火药、指南针传播到了欧洲。

15 世纪是欧洲走出黑暗，进入到改革开放的文艺复兴时期。欧洲人为古希腊文明、中国文明和印度文明而震惊。16～17 世纪，欧洲科学经历了哥白尼日心说时代，开普勒行星运动三大定律形成。17 世纪是牛顿质点力学的发展时期。牛顿力学的普及极大地推动了英国的工业革命，纺织机和蒸汽机被不断改进。瓦特改进的蒸汽机被装上火车头和轮船，拉开了工业化时期的序幕。在这之前的 4000 多年，人类经历了农耕文明的发展过程。

18 世纪中叶开始了为期百年的第一次工业革命，使得煤作为能源得以广泛应用。蒸汽机和高炉炼钢技术等相继问世,开辟了科技进步和产业革新的新时代。从1850年到第二次世界大战前夕,第二次工业革命使得石油和电力成为新的能源。发动机、内燃机、汽车、飞机及无线电通信,成为经济发展和社会发展的强大驱动力。从第二次世界大战到20世纪80年代,发生了第三次工业革命,原子能等新能源脱颖而出。计算机、集成电路、光纤通信、基因工程、自动化技术、系统工程,使世界科学技术发生飞跃,产业结构发生了深刻变革。20世纪80年代以来,新科技革命正推动着第四次产业革命浪潮的到来,微电子技术、信息技术、新材料技术、新能源技术、空间技术、海洋技术、人类生命科学技术和载人航天技术等高新技术产业群体迅速崛起。虽然人们在不断开发新的能源,但由于世界人口的增加和汽车拥有量的增加,并没有减少传统煤炭、石油和天然气的开发与利用。

在东方,日本最早学习了西方的科技,发展较快。而中国在20世纪初很落后,"落后就要挨打",惨痛的教训教育了中国人。20世纪80年代中国科技起步了,30年来有很大发展。如今发展成为一个时代命题,世界各国都纷纷加入到科技发展的行列。经济浪潮汹涌,环境变化剧烈,自然灾害接踵而至。人们开始怀疑,对自然的征服是否会招来自然的报复?

从原始人采摘围猎,到几千年的游牧农耕,再到今天的机械和信息化工业文明,人类文明的发展是在对自然索取的基础上建立起来的。然而,随着科技的不断发展,人类向自然索取的能力和欲望与日俱增,自然不堪重负,进而有可能威胁到文明本身。开发地球资源必须有底线,否则就是在破坏生存之本。"皮之不存,毛将附焉?"如果我们生存的地球自然环境出了问题,那么无论多么发达的文明,都将面临灭顶之灾。季羡林说:"自己生存,也让别的动物生存,这就是善。只考虑自己生存不考虑别人生存,这就是恶。"

季羡林先生认为:"人类最重要的任务是处理好人与大自然的关系。"处理好这个关系不能用飞机和大炮,而是用文化。世界上最有价值的财富是文化,选择优秀的文化是挽救人类和地球的唯一途径。这个文化与"天人合一"的哲学思想有关。要和自然做朋友,不是不去认识自然,而是要认识后相互谦让,和谐相处。四次工业革命,也算是与自然不打不相识吧,希望以后能和平共处。

第二节　如何看待温室效应和城市热岛？

　　自然如此庞大，科学家常常采用模拟来进行研究。风洞试验、流体转盘试验、温室效应试验，都可以在室内进行。但这些模拟和真实情况有所出入。比如，风洞试验模拟不出实际的山谷气流。转盘试验模拟不出地球的自转效应。温室效应试验模拟不出实际大气中"能力最强"的温室气体——水汽在液态水、固态冰和气态水汽之间的、有多态参与的复杂热量变化。更何况在地球上，不仅仅有水汽这一温室气体，还有二氧化碳等其他温室气体，如海洋的热含量变化对二氧化碳具有巨大的影响，海温高可以释放更多的二氧化碳给大气。

　　在早春和晚秋的晴朗夜晚，农民施放烟幕，可以形成局地的气溶胶温室效应，吸收地面长波辐射，就像给大地盖上一条棉被，使庄稼免受冻害。这是人的活动试图改变局地小气候。城市热岛是更显著的例子。早在1938年，英国蒸汽机工程师 G. S. 卡兰达尔独立提出了"人类产业活动致使二氧化碳增加，从而导致地球气候变暖"的观点[1]。这一观点的依据只能来自实验室的温室效应。在自然的气候系统中，与二氧化碳有关的温室效应是非常复杂的。要想知道近百年大气二氧化碳浓度引起的温室效应的变暖效果需要定量的分解与计算。从高质量的百年全球平均温度观测序列中，剔除自然的太阳辐射影响、海洋影响和城市化影响等分量之后，留下的那部分趋势有可能归因于温室气体的作用。这部分温室气体作用中包括大气水汽的作用、二氧化碳的作用，其他气体和气溶胶的作用。

　　地球演变的历史也是资源的储存历史。石油、煤炭和天然气，这些化石燃料储存了地质时期的太阳能。大陆漂移和造山运动埋藏了大片的森林，亿万年后形成了矿藏。由古北极在西伯利亚的推算，蒙古高原形成前的位置就在北纬60度附近。曾经，蒙古高原位于极锋地区，降水充沛，森林茂密，并有恐龙出没。在我国内蒙古草原发现的大面积多层煤炭矿藏分布和在二连浩特发现的恐龙化石就是例证。

----

　　① ［日］山本良一．2℃改变世界．王天民等译．北京：科学出版社．2008

如果人类没有计划地利用资源，把大量化石能源在一个相对短的时期内释放到地球大气中，会形成怎样的环境变化呢？城市热岛释放了地球上过去的能源并改变到达地面的太阳辐射。现代城市热岛是地球历史上没有过的。人们需要回答的问题是，这样的城市化和开采矿藏、开发土地对地球自然表面环境改变的程度怎样？对地球、对人类和对生态产生了怎样的环境影响？地球上动植物健康生存的空间还有多少？

大气中的水文循环分大尺度循环和小尺度的微循环。海洋上蒸发的水汽通过大气环流输送到内陆城市和乡村上空形成降雨，这是大尺度的水文循环。降落在乡村的雨水，被草地、土壤和树木吸收，第二天艳阳高照，气温上升，水汽蒸发，为"傍晚到上半夜局部地方有阵雨和雷雨"做好了水汽准备。凌晨气温降低，空气中的水汽凝结也能形成露水。局地蒸发，抑或局地下雨、成露，这就是小尺度的水文循环。城市中充满了高楼大厦和交错的水泥道路。在大尺度水文循环下，城市降落的雨水都流进了下水道，不能蒸发进入大气，小尺度水文循环缺乏充足的水汽条件。

"人间四月芳菲尽，山寺桃花始盛开"，本来描写的是不同海拔地理位置上的物候分布，可现在相同海拔的城市内外也有了明显的物候差异。开春以后，北京市内的桃花已开，但近郊的桃花还在含苞待放。现代城市像水泥森林。城乡下垫面和能源消耗的差别最终会导致气象变量的差异。城市越大，气温会越高，进而形成城市热岛。城市中心的气温最高，向周边逐渐降低，从地面向上降低，形成一个半球形的"城市圆顶"。在秋冬季节，大城市中心区的气温会比远郊区高 7～8 摄氏度。在长江三角洲地区，上海的城市发展范围最大。苏州—无锡—常州三个城市已经连成一线。在这些城区所观测的气温已经不完全是自然条件下的温度了。

美国 Goodridge 在 1996 年把加利福尼亚州的城市按居住人数百万、十万至百万、小于十万，分成大城市、中等城市和小城市三组（图 7-2）①，分析了这三组城市的近百年气温变化。大城市气温变暖趋势是每百年 1.77 摄氏度，中等城市的变暖趋势是每百年 0.77 摄氏度，小城市的变暖趋势是每百年 0.2 摄氏度。大城市变暖幅度是中等城市的 2.3 倍，是小城市的 8.9 倍。中等城市的百年变暖趋势和 IPCC 报告中的全球变暖趋势

① Singer S F. Nature, Not Human Activity, Rules the Climate. Nongovernmental International Panel on Climate Change. 2008

相当。城市越大，城市热岛效应也就越强。显然，大城市的百年气温趋势不能代表整个地球的百年气温变化。选择怎样的测站气温来反映全球气候的长期变化是一个有待探讨的问题。去除城市热岛影响已成为全球气候变化评估中需要解决的问题。城市气候变化与全球气候变化有必要区分开。去除以上三类城市的长期气温趋势后，气温变化在 20 世纪也出现了年代际的冷低谷和暖平台。这些冷低谷和暖平台就是自然的气候变化。

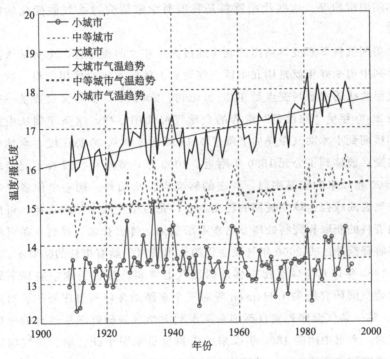

图 7-2　美国加利福尼亚州大城市、中等城市和小城市近百年的气温
逐年值及其长期趋势

第三节　气候资料可靠吗？

要认识过去百年的气候变化，至少需要有过去 2000 年的气温资料。在没有气温观测资料的情况下，人们只能用间接反映气温变化的记录代替

气温观测，这种记录称为代用资料。比如，在一些高寒山区，树木的生长快慢与气温有关，气温高，树木长的就快，树木年轮就宽。树木可以生长几百年，每年的树轮中包含当年气温的信息。这类资料属于自然的代用资料。此外，自有人类文明以来，文字也记载了冷暖变化。文献资料记录的冷暖和旱涝，有些有确定的年份和地理位置。我国东部地区有较多的历史文献记录，在西部高原地区有自然的代用资料，包括树木年轮、冰芯、石笋和湖泊沉积等。这些代用资料是我国科学家研究过去气候变化的重要资源。

美国气候学家曼等给出的北半球过去千年"曲棍球杆"走势的气温代用序列中前 900 年就是用北半球一些地点上的树木年轮代用资料。这条千年气温曲线的变暖转变点是在 20 世纪初。2008 年，曼等又发表了一条过去近 2000 年呈"湿面条"走势的全球气温代用序列，这条序列从中世纪暖期后期到小冰期气温先后下降了 0.18 摄氏度和 0.20 摄氏度，全球变暖的转变点前移到了公元 1850 年附近。2009 年，曼等再次发表了北半球过去 1500 年以来的气温序列，变暖的转变点再次前移。同一个作者发表的过去气温曲线在全球变暖期的转变点上，先后相差几十年到百年，可能反映出资料的获取和资料处理方法在不断变化。目前看来，找到一条可靠的能够解释全球过去 2000 年气候变化的代用资料仍然有很长的路要走。

1880 年以来全球有比较多的器测气温资料。最近美国宇航局下属的戈达德空间研究所的 J. Hansen 等对三个来源的全球气温序列作了对比分析[①]。第一条气温序列来自英国东英吉利大学气候研究部所整理的全球气温记录，本书中用的 1850 年以来的资料也是来源于此。第二条气温序列来自美国气候资料中心，温度资料覆盖陆地和海洋，相对较全。第三条气温序列来自美国宇航局，它的特点是对城市化的影响做了订正，并利用了近年来的卫星资料。Hansen 等分析得到，三条序列比较接近，特别在 20 世纪后 50 年。差异比较大的时段是在早期和近 10 多年。对 20 世纪初的冷低谷，英国的气温最低，比美国宇航局的气温低了 0.15 摄氏度，而美国气候资料中心的气温处于它们之间。近 10 多年来，英国的最高气温出现在 1998 年，而美国宇航局的最高气温出现在 2005 年，并且这之后持续

① Hansen J, et al. Global surface temperature change. http://www. columbia. edu/~jehl/mailings/2010/20100610_TemperaturePaper. pdf

偏高。原因就在于后者气温增加了北极地区的卫星观测。从长期序列来看，与测站迁移和观测方式改变对气温造成的影响一样，前后资料有不同的覆盖面，必然带来不可比性。

第四节　未来的气候能预测吗？

气候预测分短期气候预测和长期气候预测。短期气候预测是指对未来几个月到几年气候状况的预估，如梅雨是否异常和赤道东太平洋海温是否异常。赤道东太平洋的海温异常预测可以提前几个月到一年。长期气候预测一般是指十年到几十年的气温和干湿发展状况，如最近的变暖是否继续暖下去，还是有可能在未来的十年到几十年中发生转冷的趋势，或波动性变化。十年到几十年的气候变化原因既有外部的强迫，也有内部的调整。内部的调整来源于固体地球-海洋-大气之间几十年的相互作用。长期气候变化的根本原因是外强迫，如太阳辐射的长期波动和人类活动的可能影响。

气候预测可以有多种方法。一种是，先分析过去气温或降水变化中的规律，再用这种规律作时间外推，得到未来十年到几十年的预测。另外一种是利用已知的因果关系，如太阳辐射变化、海温变化等作预测。如果气温长期变化的规律与因果关系都一致，根据这种规律做出的气候预报就更可信。这一方法做气候预测的限制主要来自观测气温资料和外强迫资料的长度。另一种是后面要专门讨论的数学模型预测方法。

利用气候变化自身规律、太阳辐射变化和海洋变化的早期信号就可以对未来十年到几十年的气候变化作出预测。预测中难以确定的是过去百年的变化趋势未来还能维持多久？如果有过去 2000 年高质量的气温资料，人们就可以认识百年尺度的气候变化了。根据目前的认知，按照过去百年的趋势叠加上 20 年和六七十年的周期变化，对未来二三十年的气候预测，误差不会太大。至少可以说清楚未来 20 年气温变化的方向，是趋暖，还是趋冷。

人们对气候预测需要重点关注两个时间尺度。一是对未来几周内可能发生的异常雨涝、干旱、高温热浪和低温冷害的预测，因为这些持续性气候灾害事件对人们的生产生活影响极大。二是对未来十年到几十年的气候变化预测,因为它的发展方向会影响人们对气候变化的适应和对策。基于目前的科学认识水平,对这两个时间尺度的预测有可能的方法,而对未来50~100年的气候预测,还缺少认知基础。

第五节 气候预测模型可靠吗?

气候系统数学模型就像拉普拉斯所描述的那个复杂的动力系统。这个模型不但需要地球系统多圈层的各种高密度的观测数据,还要知道未来的太阳辐射变化和人类活动资料。模型中的动力学怎样客观地描写还是一个问题。如果数学模型足够完美,资料足够丰富,精确,科学家们就可以利用计算机,求得未来某时刻全球气候变化的结果,也可以得到每个地区的气候极端事件的具体细节。大气中的灾害性天气,地震、火山的发生时间和地点,都包含在结果中。

可惜,人类没有办法建立真实的气候系统数学模型,只能给出不同复杂程度的仿真模型。目前最复杂的模型,是"地球系统模拟器"运算的气候数学模型。它的动力学与其他的模型并不会有大的差别,只是计算条件和空间分辨率更高。硬件升级,提高了计算机的运算速度但模型本身没有变得更优越。20世纪60年代后期以来,国际上利用计算机模拟气候变化,时间和空间分辨率都在逐步提高。

从多次IPCC报告中可以看出,气候模型在时间和空间分辨率上都有大幅度的提高。每次对气候模型分辨率的改进,相应的模型也要作很大的调整。这样的改造工作量是巨大的,也是非常复杂的。

从观测气象资料中分离出随季节正常变化的部分和异常变化的部分是认识天气和气候,特别是认识和预测极端天气气候的基础工作。正常变化是需要认识的,异常变化才是要预测的。真实的气候系统中,有很多的天气异常和气候异常是大气运动不同波动叠加形成的。波动是通过激发源形成,并按照物理规则在介质中传播。预测模型中的波动往往满足数学上的要求,但不一定具有物理意义。数学上波动数目个数极其多,但有物理意义的波动并不多。气候模型中,满足数学分解但无物理意义的波是一些虚假的波。这些虚假的波不但消耗了大量计算资源，也使得长期预报归于失败。不适当地增加模型的时间分辨率和空间分辨率会引入更多虚假的波动。计算机与人相比，最大的能耐是存储量大，反应快速。现代战争中，计算机可以根据"飞毛腿"导弹的轨迹快速地计算出未来的位置，指挥"爱国者"导弹在预定的位置拦截它。所以，计算机对牛顿质点的计算还是"稳、准、狠"的。大气和地球系统是由无穷多的质点组成，太复杂了。

我国数值预报专家丑纪范院士指出："那种企图建立一个'逼真'的数值模式，一揽子解决各种时空尺度的预报的想法，可能是走上了错误的道路。应该针对时间尺度不同，因而稳定分量和混沌分量不同，建立不同的模型，研究不同的参数化方法。只预报可以预报的稳定分量。"这个稳定分量就是我们在本书第五章中讨论的"确定性"部分。这里的混沌分量是第五章中的"随机性"部分。

第六节　气候预测模型也会"过期"吗？

20 世纪 80 年代初期，有一位熟悉海洋的老科学家与一位熟悉大气的青年科学家合作，研制了一个预报赤道东太平洋厄尔尼诺事件的模型。这个模型称之为中等复杂程度的海洋与大气相互作用的模型。这一模型提前几个月成功地预测了 1986 年年底的厄尔尼诺海洋变暖事件。在成功的喜悦之余，老科学家预言，这个模型的生命期最多十年。这一点令人不解：难道计算机数学模型也有生命期？后来的事实回答了这个问题，这两位科学家的模型报对了这次海温异常事件后不断出错，于是国际上出现了许多改进的版本。

任何复杂程度的气候模型都是对真实气候系统的仿真，因此这些气候模型都不可避免地包含有一组人为设定的参数。但实际的气候系统中，这组参数不为人知。比如，年与年之间，赤道东太平洋海温异常变化、大气西风变化和地球自转速度变化之间有相对的滞后关系。它们之间分不清谁是因、谁是果，就像确定不了"鸡生蛋"和"蛋生鸡"的先后关系。它们之间是相互制约的作用关系。这就是固体地球-海洋-大气之间存在的相互

151

作用期和平静期的交互过程。在 20 世纪后半叶,海温振荡具有活跃期与平静期的阶段性交替变化,并与西风振荡有共同的活跃时段和平静时段。气候模型很难做到与自然系统同步的相互作用期和平静期,因而常常使预报失败。

赤道太平洋海温异常后,很多地区的气候(尤其温度和降水)会发生异常的变化。所以,海温变化的预测已成为区域气候异常预测的基础。西风异常与海温异常的位相差关系提供了预报海温异常的早期信号。此外,赤道中东太平洋发生海温异常之前,赤道西太平洋次表层,甚至赤道以北太平洋次表层也有异常的海温信号传播。只有当那些暖性的次表层海温信号传播到赤道中东太平洋并上升到海面后,表层海温变暖才显现。这种次表层海温异常的传播是海洋学早期信号。这两种早期信号会比海表变暖事件早几个月到一年。

第七节　温度上升 2 摄氏度是环境承受的阈值吗?

早在 1995 年,IPCC 认为气温增加 2 摄氏度气候风险显著增加,全球沿海洪涝、饥饿、传染疾病和水短缺的风险将显著增加。1996 年欧盟第一次提出控制温度升幅在 2 摄氏度内的目标。2007 年 IPCC 没有给定 2 摄氏度阈值,但指出升温幅度控制在 2.0~2.4 摄氏度时,相应二氧化碳应控制在 445~490ppm 体积浓度。2009 年发达国家首脑峰会提出减排目标:2050 年全球减排 50%,发达国家减排 80% 以上,届时温度增幅不超过 2 摄氏度。一些预测认为,如果地球平均气温增加量超过 2 摄氏度,地球上将会发生人类难以承受的气候变动,社会和生态系统将受到毁灭性的破坏。为了防止这种危险发生,国际社会的主流观点已把气温上升量控制在 2 摄氏度以下确定为其今后气候变化应对政策的长期行动目标。

一些科普书和报道认为,全球变暖不但引发了种种灾害性极端气候事件,而且区区 2 摄氏度足以使人类遭受毁灭性打击,造成每年约有 15 万人死亡,551 万人罹患各种疾病。极端气候事件确实能够掠去可观的生命和财产,但引起灾难的区域极端气候事件成因不是全球变暖,不是全球降温,也不是全球气温不变,而是区域温差。2010 年 8 月北大西洋区域海温成为近

150 年来最高，俄罗斯的同期干热与森林大火也是百年不遇的事件。环北极地区的温度升高既有多尺度全球变暖的影响，也有区域变暖的影响。在这些多尺度变暖叠加下，北极地区的生态环境发生了重大的变化。

无论是全球升温还是降温，温度变化就像一把"双刃剑"，总会使一些地区和行业收益，另一些地区和行业受损。人类社会的发展是波动式的，气温变化中冷期也容易出现社会动荡的时期。冷期和旱期，对农业的负面影响要大于暖期和湿期。最新数据表明，无论美国，还是欧洲，年际和年代时间尺度的冷期，人类活动产生的化石燃烧排放量就增多。指望通过控制人类活动排放来遏制气温上升并没有依据。随着世界人口增加和工业发展，21 世纪二氧化碳浓度能够达到 445～490ppm，但全球气温变化达不到 2 摄氏度。即使几千年后全球气温上升了 2 摄氏度也不是环境承受的阈值。

用大气中二氧化碳浓度增加趋势来警示人类，采取行动和防范风险是一个有利于社会健康发展的举措。过去的百年中，全球平均温度在上升，大气二氧化碳浓度在增加，全球经济发展的同时人类活动在加剧。这不得不让全世界的科学家、政治家和地球村的居民们立即行动起来，分析原因，抑制变化，寻找合适的发展道路。这样的联合行动是合理的，也是紧迫的。即使科学问题一时得不到共识，采取减排行动也应是"无悔"的。但在认识到气候变化是一个科学问题，而大气二氧化碳浓度是一个环境问题后，人类应该选择怎样的发展道路呢？环境友好、低碳发展将成为人类明智的选择。

地球上有些地区自然环境是非常适宜人类居住的。有些地方没有地震、没有火山活动，阳光充足，水土肥沃，少有大旱大涝，较少出现热浪低温。在适宜人类居住的地方，让更多的人分享那里的自然条件。在那些不适宜居住的地方，如在多地震泥石流地带，多旱涝灾害发生地带，要么人口迁移到可居住的地方去，要么建设可以抵御这些灾害的设施来保证人们的安全居住。

民以食为天，人以群而居，共享地球友好环境。这里的群居是指城市化。群居可以有效地利用自然资源，享受人类文明的财富，共同抵御自然灾害。群居后留下大片的土地，让地球沐浴自然、恢复生机。多年后那里的土地上和森林里会给群居的人们送来清泉雨水和多样化的生物群体。那里有万方水土在养一群远方人，改变"一方水土养一方人"的分散居住传统观念。

把全球平均温度上升或下降与极端的暴雨、沙尘暴、高温热浪、低温冷害和干旱事件联系在一起,会转移预测人员的注意力,去关注如何控制温度变化的温室效应,而忽视区域温差形成大气波动的预测方法。而后者才是应对自然灾害和拯救生命财产损失所急需要做的准备。一些地区的环境恶化,如森林枯萎、草原退化、沙漠扩大等,有自然的影响,但更直接的是与人类活动范围的扩张有关。把这些因素都转移到全球变暖上,也会影响真正意义上的环境治理。赤道东太平洋海洋升温、降温和区域尺度的干湿、冷暖变化的原因探讨,才是科学研究的重点课题。科学问题需要追问,持续的异常气候是大气环流异常导致的,大气环流异常是海温异常导致的,那么那些海温上升 2 摄氏度以上又是由什么导致的?

第八节　何时沐浴生态文明?

多年以前,在没有电灯的山沟里和边远乡村,日落而归的夜晚,自然恬静。庭院里,烟熏雾绕驱赶蚊虫,两张长凳子搁着卸下的门板,摆放在庭院中央。大家坐在门板上听老人讲故事,孩子们在星光下一边听着故事,一边盆浴。狗摇着尾巴,猫眯着眼睛,仿佛也被故事感动。如今这种田园生活渐渐离我们远去,城市里灯红酒绿,喧嚣整夜。不禁让人感慨,我们离文明是更近还是更远了?

工业文明以来,人类以自然的"征服者"自居,对自然的超限度开发又造成了深刻的环境危机。以经济发展为强大的推动力,科学探索向宏观和微观的纵深发展。工业文明时代是人类运用科学技术的武器以控制和改造自然取得空前胜利的时代。

从农业文明到工业文明,人类得到了什么,又失去了什么?面对当前的科学问题和环境问题,人类文明向哪个方向发展?在过去百年增加 1 摄氏度的气温变化中,城市发展和土地利用对 0.44 摄氏度的长期增温,起了相当大的作用。这样的变暖是以生态环境的损失为代价的,是生态环境恶化的趋势指标。人们在呼吁下一文明为"生态文明",渴望"生态文明"的时代应早日到来。生态文明是高级的,回归式的新型"农业文明",是建筑在知识、教育和科技高度发达基础上的文明。它强调自然界是人类生存与发展的基石，明确人类社会必须在生态基础上与自然界和谐共存。驱动这一轮文明的能源是用生态能源逐步取代传统的能源。人们倡导的低碳经济和太阳能、风能、核能等各种新能源的开发利用，替代工业文明时代的化石燃料能源，就是生态文明的开端。

生态文明建设不但要有积极向上的生活态度，还要有超越时代的创新能力。美国大片《阿凡达》是一个标杆之作，不仅仅在于它有着巨幕特效的卖点，还在于它的主题深深触动了全球亿万观众的心。这是一个外星球的原始自然文明反抗"暴力拆迁"的故事，是人类妄图征服其他文明，向另一片自然伸手索取，最后却被击败的故事。人类需要选择的首先是个审慎内省的文明，是个时刻意识到自己危机的文明，是个与大自然和谐共处的文明，从而对自然的索取保持在适度之内。这样的影片不是让人类恐惧，而是让人们思考：我们的文明是否和怎样给地球上的其他生命留有空间。

在生态文明时代，学习先进知识，研究环境保护，成为城市人努力的方向。各地的城市已经通过信息高速公路连接在一起。信息高速公路是快速文明的象征，是低费的，甚至免费的。教师们已经把视频教材放在服务器上，任何城市的市民都可以选择任何一所学校，任何一个老师，任何一套教材，从事学习和科研。教学收视率成为教师的荣耀。那时，科研活动更加有序，科研计划更加踏实有效。那时，人们明白了，什么是奉献，什么是私有，投入和产出比成为工作量化的自觉指标。那时，成果成为人们转化为生产力的追求，而不再成为晋升的资本。那时，人们没有了发表论文的压力，没有了申报奖项的负担，改善了整个社会的关系，节约了资源和成本。那时，人们的学习不再为文凭，而是为解决科研和工作中遇到的问题。那时，人们不再有共同的上下班时间，早八点和晚六点不再堵车耗费资源，人们轻松地安排工作学习时间和聚会的地点。那时，人类生存在自由的有序的社会中，白天加黑夜和五天加周末的工作经历，即所谓"白加黑和5加2"已经成为过去一代人的奋斗史。那么多的项目代码、申办关节和会议赶场记录了过去奋斗者们的辉煌。

在生态文明的时代，人们更关心青年人的成长。与二氧化碳浓度攀升和全球变暖相呼应，《后天》和《2012》等灾难片，给公众增加了过多的迷惑和担忧。人类对自然的认识还太少，社会需要有一些探索性的和思辨性的科教片，这对公众，特别对培养下一代的健康世界观，是有益的。

工业化以来，最突出的气候变化表现为近 30 年来全球快速的变暖和不断变化的冷暖波动。谁驱使了气候变化？本书用三种方法回答了这个问题。

（1）气温变化主信号分解分析。对近百年至近千年的全球气温资料进行主信号分解，结果得到反映自然变化的关键波动。这些波动的叠加解释了近 30 年来的全球快速变暖和地球经历的冷暖波动期。

（2）物理成因分解分析。对于太阳辐射和海温资料，作者也同样采用了主信号分解分析。结果显示，气温变化的波动滞后于太阳辐射的波动和海温变化的波动。这些波动的先后关系揭示了全球快速变暖和冷暖波动的物理成因。

（3）因果关系分解分析。是人类活动排放变暖了地球吗？对于这个核心问题，本书用欧美等国及地区近百年来的碳排放资料作了时间尺度分解分析。结果表明在年际和几十年的时间尺度上，气温低对应排放多，气温高对应排放少。冷暖变化是人类活动排放量增减的诱因。

20 世纪全球气温变暖的变幅是 1 摄氏度，其中 0.56 摄氏度可以用上述的波动分解解释。余留的 0.44 摄氏度来自土地利用（包含城市发展）增加的贡献和几百年尺度自然气候变化的作用。温室效应对气候变化的贡献难以检测。

根据过去百年至千年的全球平均气温的规则变化和趋势变化，本书预测：全球气温在经历了世纪之交的暖平台后，将于 21 世纪 30 年代下降到一个冷低谷，而到 21 世纪 60 年代又会爬升到一个新的暖平台。在不考虑波动之间的复杂相互作用情况下，21 世纪全球平均升温不会超过 0.6 摄氏度。而不同波动之间的相互作用可能引起的变幅也只在 0.2 摄氏度左右。它们的综合累加最多会在个别年份达到 0.8 摄氏度。

　　工业化以来,人类活动大大加快了环境变化和生态恶化;人类生存和发展面临巨大挑战:

　　(1)气象观测中的百年气温变暖趋势 0.44 摄氏度主要来自百年尺度的自然变化、土地利用的增加和城市的发展。工业化以来的气温不仅仅记录了自然的气候变化,也记录了土地利用增加对气温的影响。

　　(2)大气二氧化碳浓度的持续增加记录了人类活动排放量的积累。工业化以来,大气二氧化碳浓度的四个增幅阶段对应了欧美国家碳排放增加与减缓波动的四个时期。

　　(3)大气成分的变化,包括臭氧浓度的变化都是对人类活动强度变化的记录。随着碳排放的增加,大气二氧化碳浓度在 21 世纪会达到 445～490ppm,但全球气温变化不受此影响。

　　人类需要采取行动,保护地球环境。气候变化是对外源强迫的响应过程,具有从年际、年代际、百年到千万年的时间尺度。气候变化,永无止息,对人类的影响有利有弊。然而气候极端事件对人类只会带来灾害。气候极端事件是区域热力对比强迫大气环流异常的结果,表现有下列形式。

　　(1)热浪与低温,干旱与洪涝,以及次生的泥石流等灾害常常会在相邻地区同期或先后发生,具有群发性和后续性,与海洋和陆地表面出现的强烈加热差异有关。

　　(2)极端气候事件具有多空间尺度和多时间尺度的变化特征。南北半球和东西半球的气温会发生相反的变化。在四类极端气候事件的比较中,干旱的空间范围最大,维持的时间最长。洪涝及其次生的泥石流灾害,空间尺度比其他三类小,时间短,但具有集中性,危害极大。泥石流是脆弱的地质状况、脆弱的植被状况与暴雨综合叠加形成的灾害。

　　(3)极端气候事件是大气运动多波动在一个地理位置同时叠加的结果。极端气候事件的预测方法依赖于早期信号,其时效不超过三周。

　　人类对改变大气运动无能为力,也无法阻止这些极端天气和极端气候事件的发生,只能对它们进行预测和防范。

　　认识自然是一个非常复杂的问题。本书提出了"宇宙势"的概念,这是认识自然变化的基础。对环境问题也有必要提出"社会势"和"生态势"的概念。

　　(1)宇宙势表征了宇宙物质和能量分布的不均匀性。宇宙物质分布的不均匀及其运动必然形成局部宇宙空间上的收缩与膨胀现象。光的弯曲是存在宇宙势的表现。在收缩的极限时刻会出现所谓的"奇点"，并引发质量与能量的转换，即核反应。核反应激发的能量又会改变宇宙物质的重新分布。

（2）社会势表征了人与人之间地位和拥有资源等方面的不均衡。由于社会地位和社会资源分配的不均衡，一个小扰动就会激发出社会的动荡。从古代社会的发展看，大的社会动荡能够加快朝代的更替和社会文明的兴衰。持续的极端气候事件和区域贫穷往往会充当这样的扰动。

（3）生态势反映了非自然的环境变化，与人对自然的作用有关。生态势发展到一定程度表现为突变。无论是草场、森林、湖泊，还是海洋，人类对其无止境的掠夺，就会形成你进它退的趋势，生态环境会在最后的时刻发生突变。一旦环境恶化，原生态将难以恢复。

宇宙势，也是自然势，属于科学问题。宇宙（自然）中发生的极端事件，无论膨胀，还是收缩，也无论是台风，还是龙卷，它们都是人无能为力的。人能够做的只能是认识宇宙势的分布。宇宙中物质的运行是有层次和规则的。

社会势是人群的社会平衡问题。在全球化的今天，社会势会形成在国与国之间、富人和穷人之间。富裕国家不可能把贫穷国家赶出地球，而是要帮助他们共同发展。对于贫困人口和弱势群体，社会要让其摆脱困境。

生态势变化是表象，环境变化是本质。很多重大的灾害事件是多种环境变化叠加发生的后果。泥石流的发生就与地质结构和植被分布的环境改变有关。一旦遇上暴雨，泥石流和堰塞湖就会在环境变化梯度最大的地方形成。

不管是科学问题，还是社会问题，或者交叉问题，宇宙势、社会势和生态势都可以进行定量的分析。社会势和生态势的变化与人有关，也是可以人为改变与调控的。这样的调控需要在科学指导下及早采取行动，达到社会势和生态势的平衡。

从有利于人类发展的角度出发，汲取人类文明的精华，人类面临的科学问题就能得到客观的认识，环境问题也会得到很好的治理。

"认之有理"就是要以科学的世界观认识真理。我们对一些科学问题存在争议，说明人们在认识事物变化的方法上还比较片面。要得到全部的自然观测数据是不可能的。人类文明产生以来，人们已经积累了大量的观测数据。人们需要构建一个科学的宇宙框架，把这些观测数据放到它们应有的位置上,也许才会在认知上有一大的进步。

"取之有道"就是意识到,什么是从自然中可取的和不可取的。工业革命以来,人类依靠技术,已经对自然资源索取了很多。人们索取地面资源,索取地下资源,又索取海洋资源。索取和利用这些资源的过程也是影响环境,甚至危害环境的过程。对太阳能、水能、风能、潮汐能和生物能的利用是取之有道的资源。平衡的资源利用是有道的索取。

"用之有节"是要对自然资源的节约使用。如果现在的世界人口不是60多亿,而是稳定在6亿,我们相信:有道的资源是能满足人类需求的。可是,面对60多亿的世界人口,人们为了生存不得不取用大量的资源,对环境施加压力。"用之有节"就是要节约,不要在吃(餐桌)、住(房屋)、行(用车)上浪费。

"处之有方"是要在科学认知的基础上采取有效的行动,保证人类安全发展。在科学问题存在争议而不能定量描述的情况下,对自然采取行动,或者所谓的人工影响(地球工程),不但会浪费资源,还会产生预料不到的后果。对环境问题,限制人类活动排放是"无悔"的行动。对土地利用的限制和对海洋开发的限制更是"无悔"的行动。

人类的发展经历了男耕女织的"农耕文明"和对自然掠夺的"工业革命",而现代的工业化操作已威胁到地球生态安全和人类发展安全,人类的所有文明或许会就此终结。但是利用现代的科技成果,改变人类的发展思路,建设"生态文明"就会给人类带来希望。所以,21世纪是人类生死存亡的危险世纪,也可能是一个,把人类带向平安的转折世纪。

天问：谁驱使了气候变化？

附录 A
报刊采访

A1　全球增温平台与变暖协议捉迷藏？

2009 年 12 月 01 日　作者：王静　来源：科学时报

冬季刚刚来临，北京已迎来了 3 次大降雪。受冷空气东移南下影响，11 月 15～17 日，我国南方大部地区及西北地区东部又出现了一次较大范围的阴雨雪天气过程，局部地区下了大雪或暴雪。很多人记得，2008 年，我国南方遭受过一次雨雪冰冻天气。很多人明显感受到，这些天气现象与持续了若干年的"暖冬"背道而驰。

"实际上，1998 年以来，全球平均温度没有再继续上升，而是出现了一个自 20 世纪 70 年代冷期以来变暖过程中最长的平台，即温度连续在一定范围内上下振荡，没有继续上升，甚至有下降的倾向。2008 年，全球还出现了过去 10 年中最低的温度。"北京大学钱维宏教授近日接受《科学时报》采访时指出。

然而，即将召开的哥本哈根联合国气候变化峰会，却在全球温度继续升高的前提下紧锣密鼓地准备展开新一轮谈判。IPCC（政府间气候变化专门委员会）在 2001 年的第三次和 2007 年的第四次评估报告中不断警告人类，在不同的人类活动影响情景下，全球平均地表温度在未来百年将持续上升 1.4～5.8 摄氏度，到 2008 年的最近十年，全球气温应该上升 0.2 摄氏度。

钱维宏说："事实上，最近 10 年来，自然界出现了与 IPCC 的预测完全不同的温度变化。"但 IPCC 的增温报告一如既往地对世界各国的政治、经济产生直接影响，联合国气候变化谈判的前提并没有因事实的变化而变化。

A1.1　温度变化没有公认的解释

据钱维宏介绍，在过去 1000 年中，全球温度变化可划分为 3 个大的时期。前 400 多年为中世纪暖期（medieval warm period，MWP）；接着出现了 400 年的小冰期（little ice age，LIA）；从 1850 年开始，即出现了社会所关注的全球变暖期（global warming period，GWP）。在温度的转变过程中，从中世纪暖期后期到小冰期之间，全球平均温度下降了 0.24 摄氏度。

截至目前，气候学界并不清楚中世纪暖期到小冰期温度下降的原因。20 世纪的前 70 年，温度已经恢复到了中世纪暖期的水平，在 1980 年后的 20 年中，温度超过了中世纪暖期。这种增温现象受许多因素控制，但 IPCC 的几次报告把最近 100 多年的温度上升归因为温室气体的排放。值得思考的是，最近 10 年，人类排放的温室气体有增无减，同时地球温度出现了一个 10 年的高温平台，而不是持续上升。这该作怎样的解释？真的是温室气体在控制地球的温度吗？

A1.2　有科学家说，要"等着瞧"

对于目前全球平均温度平台的出现，国际气候学界有多种声音。《科学》杂志最近发表了《全球变暖发生了什么？科学家说"等着瞧"》的文章。

　　该文章介绍了对地球温度出现的 10 年平台业已开展的一些研究。有研究认为，这一现象是暂时的，全球变暖仍将继续。也有研究认为，过去的 10 年中，温室气体变暖的痕迹已经终止。前者推测，气候系统中的海洋环流部分会使全球降温，使温室变暖暂缓了 10 年；对于后者，有研究推测，温度下降可能与火山频繁活动有关。不同声音中的共同期望只能是"等着瞧"。

　　钱维宏说，直面 10 年温度平台的新挑战，不同声音的研究者都处于两难。IPCC 的报告对 21 世纪温度预测的信息主要来自数值模拟。模拟预测，地球温度不仅到 21 世纪末会继续上升 2 摄氏度，还可以找到类似的 10 年温度变化的平台。但很多模式存在局限，甚至不能很好地模拟出太阳辐射变化对气候的作用。

　　历史资料显示，1850 年以来，全球经历了 2 次降温期，第一次是 1880~1910 年，第二次 1940~1970 年。这些降温都开始于火山频繁活动之前。所以，认为火山活动影响气温年代际温度升降的解释，并不充分，因为最近 10 年出现了全球温度不再增加的平台，但并没有频繁的强火山活动。

A1.3　中国可以说"不用等"

　　中科院副院长丁仲礼院士认为，《科学》发表的这篇文章表明，"从 1999 年来的 10 年，全球气温并没有再升高，尽管温室气体至少增加了 20ppm 二氧化碳。这个现象或许在进一步强调此前有不少科学家提到过的 65~70 年的气候周期的作用。上一个周期是从 20 世纪初开始升温到 40 年代达到峰值，尔后到 70 年代一直呈降温趋势，而此时段内，地球上的二氧化碳正在快速增加。最近的一个周期从 20 世纪 80 年代升温到 2000 年前，可能已经达到峰值。接下来到 2030 年，很可能以降温为主。如果这样，即便温室气体增加，升温的一部分也很可能被自然降温的一部分抵消。关于这个周期，不少科学家都将原因归因于海洋环流的自我调整，而 IPCC 的报告对此却没有考虑"。

　　钱维宏研究小组赞同全球温度变化仍将继续，不赞同这一"温度持续平台"是暂时的。他们认为，自然变化减缓了全球变暖的趋势。更重要的是，人类不要在争论不清的时候"等着瞧"，而要以科学的态度回答科学预测中出现的问题。

钱维宏研究小组找到了近 10 年来全球温度平台出现的合理解释，因此，中国可以理直气壮地告诉世界，"不用等"。

他说："早在 2002 年，我们研究小组就注意到北半球过去 1000 年温度变化中存在的长期趋势和短期振荡。如果把千年来的温度变化用图表绘制出来，就会发现，自然温度振荡会出现六七十年和百年尺度的两种规则的振荡。六七十年的振荡属于气候系统的自然变化，而百年的振荡与外强迫太阳辐射变化有关。特别需要指出的是，在 20 世纪 90 年代后期到 21 世纪初，多个时间尺度的振荡发生了过去千年来从未有过的正的峰值叠加。与此同时，这种峰值的叠加又遇上了 1998 年的世纪强海洋变暖事件，于是形成了近十多年来的温度峰值平台。"

钱维宏及其研究人员在发表的论文中进一步推测，如果这种趋势延续，自然温度振荡从 1998 年后会导致全球温度下降，并将在 21 世纪 40 年代出现一个冷态，而在 21 世纪 70 年代附近出现一个暖态。

A1. 4 气候学家被自然愚弄不鲜见

钱维宏还介绍，当 1982 年强厄尔尼诺暖海洋事件在赤道中东太平洋悄悄发生的时候，气候学家在科学预测会上曾坦然预测当年不可能发生暖水事件。厄尔尼诺暖水事件是自然现象，有观测记录以来，几乎没有发生过完全相同的事件。

钱维宏说，在 1975 年《自然》和《科学》这两个著名的刊物上可以查阅到全球降温的文章。这是对 20 世纪 50～70 年代冷期的记载。最早提出全球降温的文章发表在 1972 年。20 世纪 70 年代全球降温可索引的文章有 6 篇，80 年代有 12 篇，90 年代篇数减少。自 20 世纪 80 年代开始，全球变暖的现实打断了 70 年代全球降温的声音。发表在 1975 年《科学》上的一篇文章，面对当时 70 年代冷低谷，提出了一种可能变暖的预测。80 年代全球变暖的文章增加到了 235 篇，90 年代增加到 4000 多篇。21 世纪以来的 9 年，全球变暖的文章达到了 9000 多篇。这上万篇文章中，最有预见性的文章应该是 1975 年发表在《科学》上的，它最早怀疑了全球增温的可能。

起始于 20 世纪 80 年代的全球变暖能够维持多少个 10 年呢？在温室气

体变暖下，有研究认为模式很难模拟出 15 年持续的温度平台。如果目前出现的温度平台再持续几年，模式的预测能力将面临新的挑战。既然在冷低谷出现的时候，科学家可以怀疑全球气候是否走到了变暖的边缘；同样，面对当前的暖平台，人们也可以怀疑，当前是否走到了全球降温的边缘。

钱维宏说："自然变化已经不止一次地戏弄了科学家。继续的温度平台，甚至温度下降，也许正在与哥本哈根国际全球变暖协议签字大会捉迷藏。"如果把时间倒退至 20 世纪后 20 年，当时全球变暖与发展中国家，特别是中国和印度的经济增长、能源的使用几乎是成正比的。联合国环境署 2009 年的报告称：21 世纪以来，中国和印度的经济仍然在增长，能源利用仍然在增加，甚至比 20 世纪 90 年代增加了 3 倍；可是，10 年前的关系对这 10 年的趋势却不好解释了。

A2　不确定研究仍应成为哥本哈根峰会首要话题

2009 年 12 月 01 日　作者：钱维宏　来源：科学时报

酝酿已久的 2009 年 12 月 7～18 日哥本哈根联合国气候变化峰会就要召开了。很多国家为这次峰会的召开作了大量准备。一系列气候变化评估报告明确指出，全球变暖已经是一个不争的事实，而且变暖的原因直接与排放有关。世界各地不断发生的持续性异常高温热浪、低温雨雪、风暴、干旱也被认为是全球变暖的产物。一些研究者从不同的侧面阐述，气候变化的现实和情景要比 IPCC 报告预估的严峻得多。于是，国际气候变化峰会和各国的谈判主题就确定为"节能减排和应对气候变化"。人们在思维中已经形成了一个关系链：排放增多—经济增长—二氧化碳气体增加—全球变暖—自然灾害加剧。

每一次的 IPCC 报告有三个组成部分，首先是科学，其次才是减排，最后是应对。实际上，科学研究应该是减排和应对气候变化的前提。在一个相当长的时期内，气候变化科学问题的不确定研究仍然需要放在首位。这里从四个方面说明科学研究仍然具有实质性的不确定。

（1）资料的不确定。对科学研究，可靠的资料是第一重要的。然而，IPCC 第三次评估报告中引用的千年温度序列中长期以来科学界探讨的中世纪暖期和小冰期先后持续几百年的研究结果很模糊。IPCC 第四次评估报告之前的几年,科学界大量探讨了这个资料问题,于是更新的近两千年全球温度序列中中世纪暖期和小冰期的分界清楚了。它们之间的温度突然降低发生在 1450 年,平均气温降低了 0.24 摄氏度。这一降温产生的原因仍然是一个谜。更新的全球过去千年温度序列反映出从小冰期向全球变暖期的转折发生在 1850 年前后。由于早期资料的不可靠,很多研究主要使用了 1880 年以来的全球温度资料,由此会失去全球变暖期以来发生在 19 世纪 70 年代的一个暖平台。

(2) 解释的不确定。1849 年以来的全球变暖期中存在一个线性增加的趋势。在这个变暖的线性趋势上又叠加了 19 世纪 70 年代的暖平台,20 世纪 40 年代的暖平台和 20 世纪末到 21 世纪初的暖平台,以及 20 世纪初和 20 世纪 70 年代的冷低谷。变暖期以来的前 2 次暖平台和 2 次冷低谷并没有引起人们的广泛注意。如果我们从千年全球温度序列中滤掉中世纪暖期和小冰期以及近百年来的全球变暖期气候趋势,则年代际的冷低谷和暖平台在过去的千年中发生过多次。进一步用数学方法正交分解这些冷暖期后发现,不同强度冷暖的出现是多个时间尺度振荡频带叠加的结果。在过去的千年中只发现了一次至少有三个时间尺度振荡频带的峰值重叠。这个唯一的叠加就发生在 20 世纪末到 21 世纪初。所以,最近的全球变暖是过去千年中首次发生的年代际温度变化叠加事件,形成了千年一遇的极端年代气候事件。

(3) 机制上的不确定。全球气候变化来自外部强迫和气候系统内部振荡两方面。天气和气候事件的出现受多时间尺度大气波动叠加影响。比如,台风、气旋、大风沙尘、持续高温热浪、低温雨雪冰冻等是大气内部多尺度系统叠加的产物。海洋温度的异常,如厄尔尼诺事件的发生会直接改变大气环流和全球气候的分布格局,如 1998 年发生在我国的先涝后旱事件。火山活动是海洋—大气气候系统的外强迫,平流层火山灰能够减少太阳到达地面的辐射,使全球年平均温度降低。有研究试图用火山的年代际频繁活动解释 50~70 振荡的气候变化,如 20 世纪的两个冷低谷,但火山频繁活动期也落后于气温冷低谷的出现。百年尺度的气候变化与太阳辐射的百年尺度变化有关,全球温度变化的位相也落后于太阳辐射变化位相。人类活动引发的温室气体增加有助于全球平均温度升高,但大气气溶胶使全球平均温度下降。全球温度对多种强迫的响应和气候系统的自然振荡是一个非常复杂的问题，机制上需要更多的研究。

（4）预测上的不确定。如果仅仅依据 20 世纪 80 年代以来的变暖趋势做预测，则 21 世纪末的全球温度就会升高到 5 摄氏度以上。反之，考虑到多个振荡的叠加，则 21 世纪末的温度相对这次平台只上升 0.3～0.4 摄氏度。我们在 2002 年用千年温度序列分解得到，1998 年是最近这个高温平台的峰值年，此后温度下降。预期，21 世纪三四十年代是第一个冷期，21 世纪 70 年代将出现暖平台。2006 年我们发表了预测意见，21 世纪的温度要在过去百年线性变暖的趋势上叠加这些冷暖变化。最近 10 年来实际观测到的全球平均温度并没有按照 IPCC 预期的上升 0.2 摄氏度，而是出现了一个年代际平台。如果看 1998～2008 年全球平均温度的趋势，则 11 年来全球平均温度有下降的趋势。2009 年北半球大部分地区从 10～11 月开始提前降温进入冬季，雨雪天气类似 20 世纪 60 年代曾出现的情形。据此可以说，到 2009 年的过去 12 年全球平均温度在下降。针对 20 世纪 70 年代的冷低谷，当时有人发表文章怀疑，我们是否走到了全球增温的边缘。那么，面对当前的暖平台，能否怀疑：我们已经走到了全球降温的边缘？

最近十多年来的全球平均温度持平，甚至有所下降，标志着一个新的年代际温度平台的形成。这次全球平均温度平台是过去千年中唯一的多个时间尺度频带叠加的结果。全球温度变化中高温平台的出现，给哥本哈根高峰会议提出了新的科学问题。

A3　在气候变化问题上，要听取不同声音

2010 年 01 月 28 日　作者：钱维宏　记者：马超　编辑：裴培
来源：中国日报

英文《中国日报》2010 年 1 月 28 日评论版文章：2009～2010 年的这个冬天，寒冷天气多次袭击中国和北半球的其他很多地区。在凛冽的寒风中瑟瑟发抖的同时，很多人开始质疑全球变暖趋势的真实性。但是，我们应该认识到，特殊的天气事件和长期的气候趋势是两个不同的问题。

即使一个区域被强冷空气所控制，气温达到了几十年以来的最低水平，也不一定会因此而影响全球的长期趋势。该地区第二年可能会变得更

暖，或者世界上另一个地方可能也会变暖，这样平均算来，寒潮对长期趋势的影响就微不足道了。当我们讨论全球气候变化问题的时候，我们需要考虑的是百年以上的气温数据资料。

但是，全球温度的上升趋势可能不是那样耸人听闻。政府间气候变化专门委员会（IPCC）的多份报告认为全球温度到 21 世纪末会上升 1.4～5.8摄氏度。

而我们的估算要比 IPCC 报告中的推测低很多。根据既有的资料推算，全球温度在 21 世纪最多只会上升 0.6 摄氏度，远远低于哥本哈根会议中讨论的 2 摄氏度控温目标。

这项估算值是基于 1850 年以来的中期温度数据和 11 世纪以来的长期数据。1850 年以来，全球温度每百年增温 0.44 摄氏度。但是，增温过程并不是一成不变的上升曲线，而是呈现上下浮动的波状。例如，20 世纪 40～70 年代，全球气候实际上是在变冷的。

悲观论的观点是根据最近 30 年的气温增高趋势而作出的预测。而这 30 年，恰好是自然气候周期中的上升阶段。如果我们考虑更长时段内全球温度的上下起伏，从现在到 2030 年左右，将会是 70 年气候周期中的一个下降阶段，全球温度实际上有可能变低。

如果我们观察更长时段的气候史，例如，从公元 1000 年以来的全球气温变化，就能发现一个更有意思的现象。过去 1000 多年的气温变化曲线，可以被分解为 4 个主要的周期，长度分别是 194.6 年、116 年、62.5 年和 21.2 年。这四个周期变化叠加出来的气候曲线，与迈克尔·曼（Michael Mann，宾夕法尼亚州立大学气候学教授，著名的"曲棍球杆"曲线的主要贡献者之一）和其他气候专家提供的近期数据非常相似。因此，这一气候周期假说是有着坚实的经验证据支撑的。

这四个周期可以帮助我们理解最近几十年的气候变暖现象。在 1998 年左右，这四个周期都达到波峰值，这是千年一遇的罕见现象。因此，1998 年前后若干年就成了有记载的气候史上最热的一段时间。通过自然周期率，可以很好的解释最近几十年的高温，而人类活动的影响其实还没有完全搞清楚。

在过去的 30 年里，全球气候正在变暖，同时段的大气二氧化碳浓度也在增加。但是，只能说两者变化一致，并不一定意味着二氧化碳排放"造成了"全球变暖。如果我们在 1980 年栽一棵树，这棵树这 30 年来也在不断长高，我们能说是人类的二氧化碳排放造成了这棵树的生长吗？

主流的气候继续变暖论中，还有一些疑点有待解决。大气二氧化碳浓度的增加是一条平滑上升的曲线，而全球气温的升高则是上下起伏的。数据显示，二氧化碳浓度的迅速增加始于 20 世纪 50 年代，而根据曼和其他科学家的数据，全球气温升高的拐点是在 19 世纪 50 年代，整整早了一个世纪。进入 21 世纪之后，人类排放的二氧化碳比 20 世纪 90 年代增加了 1.3 倍，而这一时期的全球气温并没有增加，而是保持平稳。如果二氧化碳排放真的是造成气候变化的元凶，我们如何解释这些矛盾之处？对于气候变化问题，需要对细节进行更加深入的研究，而不是过于草率地提出结论。

现在，人类活动造成气候变化的观点已经统治了科学界、公共舆论和政治议题。我们为什么很难听到不同的声音？事实上，在科学界当中，有不同的声音存在。但是，支持气候继续变暖论的主流学者，几乎垄断了话语权，而压制怀疑论者的不同意见。科学界和公众也应该兼听则明，听取怀疑论者的观点和意见。

A4　20 世纪末全球气温上升 2 摄氏度证据不足

2010 年 01 月 22 日　记者：游雪晴　来源：科技日报

1 月 20 日，大寒节气，又一股强冷空气横扫中国，让北半球多国深陷严寒的论调又多了一个论据。近几年全球性冬季酷寒不仅与 IPCC（政府间气候变化专门委员会）两次报告预测的变暖不符，也让人们对全球气候变暖产生了疑惑。

上个月在哥本哈根召开的联合国气候变化大会上，为将全球气温上升值在 21 世纪末控制在 2 摄氏度以内，各国政要为减排气温上升的罪魁祸首"温室气体"而争论不休，然而，21 世纪末气温真的会上升 2 摄氏度，甚至更高么？北京大学大气科学系教授钱维宏以其最新研究成果对此结论提出质疑——21 世纪末全球气温上升 2 摄氏度证据不足。

A4.1　气候变化曲线："曲棍球杆"与"湿面条"

钱维宏在接受本报记者专访时指出："21 世纪将全球气温上升值控制在

2 摄氏度以内，是基于 IPCC 在 2001 年的第三次和 2007 年的第四次报告中给出的预测结论，预测全球平均地表温度在未来百年将持续上升 1.4~5.8 摄氏度。事实上，最近 10 年来，自然界的温度变化出现了与 IPCC 的预测完全不同。"

钱维宏介绍说，西方国家科学家对百年尺度的气候变化早有研究，主要集中在中世纪暖期和小冰期，我国科学家也认为这两个长的温度变化事件在中国发生过，但不能肯定是否具有全球普遍性。

这些研究中，最著名的就是西方学者曼（Mann）等根据全球仪器测量记录及树木年轮等自然资料建立的近千年北半球温度序列。人们把这条曲线形象地比喻为"曲棍球杆"，强调近千年来北半球温度处于缓慢下降的过程中，到 20 世纪才突然上升。这个结果被 IPCC 第三次评估报告所引用，其中心思想是，20 世纪变暖是近千年来前所未有的，所以 20 世纪变暖是人类活动影响造成的。

由于这根"曲棍球杆"曲线与人们长期研究认识到的中世纪暖期和小冰期之间有显著的差异，很多科学家对曼等的早期工作提出了异议。2008 年曼等又给出了近两千年的全球温度序列，这次的序列不再是"曲棍球杆"了，而像一根"湿面条"。

钱维宏认为，由于前期温度只能用树木年轮和冰芯等代用资料，所以千年温度序列存在不确定性。尽管千年温度序列中前 800 年的资料存在不一致，但近百年来的全球温度上升是公认的，因为工业化开始后有了仪器测量的资料。

A4.2　最近的暖平台是千年一遇的叠加现象

那么到底是什么驱动了过去百年的变暖和 20 世纪 70 年代以来的强烈增温，又是什么让这几年的温度变化改变了趋势？持续增加的温室气体浓度是否会驱动全球温度在 21 世纪末上升达 2 摄氏度？这个结论科学吗？

钱维宏介绍说，获取长期历史环境序列资料是预测未来气候变化的基础。气候预测同天气预报一样，首先要依靠观测获取可靠的以往气象要素，再通过分析得出变化规律，最后用各种方法作出可信的预报。因此，需要对曼等给出的不同序列作出详细分解分析，才能为未来百年的温度预测打好基础。

针对曼等的千年"曲棍球杆"温度序列，钱维宏研究组先后在 2004 年的中英、中德气候变化会议上和 2006 年发表的论文中提出了这一序列中具有"长期趋势和短期振荡"的结论。去掉前 800 多年的长期降温趋势和近百年的变暖趋势后，留下的序列中存在一个 60～70 年的规则振荡。据此，钱维宏指出，21 世纪 40 年代前后和 21 世纪 70 年代前后先后会出现一个冷、暖期，1998 年开始全球平均温度有所下降。

2009 年国际上有两条比较公认的全球温度序列：一条是英国 Hadley 中心从 1850 年以来的观测温度序列，另一条就是曼等的"湿面条"温度序列。钱维宏的研究组首先用观测序列作了分析，得出的结果是，1850～2008年的长期每百年变暖 0.44 摄氏度，1911～ 2008 年每百年变暖 0.73 摄氏度，1976～2008 年每百年变暖 0.17 摄氏度，但 1998～2008 年每十年降温 0.01 摄氏度。这条观测的温度序列中还存在年际的、准 20 年和准 62 年的周期振荡——年际的温度变化落后于赤道太平洋年际的海温变化，20 年的温度振荡落后于太阳辐射的变化，62 年周期的温度振荡落后于北太平洋的海温变化。

钱维宏研究组又用"湿面条"温度序列去掉中世纪暖期、小冰期和全球变暖期的基本气候态，发现余留序列中还存在准 21 年、准 65 年、准 115 年和准 200 年的多时间尺度振荡。这 4 个自然振荡中，除了准 65 年的振荡与海洋变化有关外，其他 3 个振荡是太阳辐射强迫的结果。准 21 年的振荡形成了 10 年暖期和 10 年冷期。21 世纪的 10 年形成了过去千年中上述 4 个振荡暖位相的首次叠加。这也就形成了国际社会关注的全球变暖以及在峰值附近的 10 年温度暖平台现象。

A4.3 2 摄氏度阈值证据不足

根据全球变暖期的长期趋势和多时间尺度周期振荡，钱维宏研究组的近期分析认为，目前全球平均温度的下降会持续到 21 世纪 30 年代的冷期，而在 21 世纪 60 年代再次出现一个暖平台。如果保持每百年变暖 0.44 摄氏度和多时间尺度振荡不变，21 世纪的全球年平均温度最多上升0.6 ～0.8 摄氏度，不可能达到 2 摄氏度的阈值。

过去几百年的大气中温室气体浓度没有出现如温度变化中的这些周期振荡。钱维宏认为，这些温度周期性振荡有规律，也有对应的太阳辐射和海洋强迫源。全球气温上升 1.4～5.8 摄氏度是来自多模式在多个排放情景下的模拟结果，但 21 世纪模式结果中没有体现温度的多时间尺度振荡。

"唯一不解的问题是每百年变暖 0.44 摄氏度中有多少是人类活动的贡献？是否还包含有自然强迫和自然变化的成分？虽然近百年的变暖与大气温室气体浓度的关系还不清楚，但减排仍然是必要的，因为人类生存需要清洁的空气和环境。"钱维宏强调。

A5　人类活动影响全球变暖有待研究

2010 年 02 月 09 日　记者：胡浩　来源：新华网

联合国政府间气候变化专门委员会（IPCC）发布报告指出，人类活动排放的温室气体是导致近 50 年来全球气候变暖的主要原因，21 世纪末全球气温将上升 1.4～5.8 摄氏度。对这一为众多政治家和部分科学家广泛认可的观点，中国科学家，北京大学大气科学系钱维宏教授提出不同看法，他认为人类活动不是全球变暖的主因，21 世纪的全球年平均温度最多上升 0.6～0.8 摄氏度，不可能达到 2 摄氏度的阈值。

"拐点"无法对应，是钱维宏对"人类活动导致全球变暖说"有不同看法的第一个论据。他对全球气温变化和大气中二氧化碳浓度变化曲线进行分析发现，大气中二氧化碳的浓度从 1750～1950 年缓慢增加，1950 年以来的 50 多年间，二氧化碳浓度增加的速率是过去 200 年的六倍。由此可见，二氧化碳浓度由缓慢增加到快速增加的"拐点"在 20 世纪 50 年代。然而，全球气温从较冷的小冰期到全球变暖期的温度快速增加"拐点"是在 19 世纪 50 年代，比二氧化碳的拐点早了一百年。

他提出，二氧化碳浓度增加不能说明全球变暖期以来的平均温度变化，更不能说明近百年来的年代际温度振荡。温室气体对气温上升的贡献份额有待深入研究。

钱维宏认为，"人类活动导致全球变暖说"同时缺乏科学的时间尺度基准，仅仅凭据最近几十年的温度趋势和二氧化碳浓度的迅速增加不能预报未来百年温度变化，而近期的趋势也会由于自然的原因而改变趋势。

他认为，温度随时间的变化是由不同尺度的大气波动影响叠加形成的。短期几天到几周的温度变化主要是大气内部波动的热量调整和重新分配的过程。季节以上时间尺度的温度变化应该体现出太阳辐射和大气下垫面海洋与陆地的多时间尺度的波动变化。太阳辐射和海洋温度的年代际变化是影响全球温度长期变化的重要原因。

钱维宏提出，包括海洋变化和太阳辐射强迫等四波振动，将会影响全球气温随之起伏。在 2004 年以来的中德和中英气候变化会议上和 2006 年发表的论文中，钱维宏提出了"气候变化等于长期趋势加短期振荡"的观点。

他指出，全球温度具有 20 年尺度的振荡，20 世纪与 21 世纪之交的十年形成了过去千年中首次的上述 4 个振荡暖位相的叠加。这也就形成了国际社会关注的全球变暖以及在峰值附近的十年温度暖平台现象。

根据长期趋势和短期振荡模型分析，钱维宏认为，过去 150 年中全球变暖是存在的，变暖的幅度是每百年 0.44 摄氏度。考虑到百年变暖 0.44 摄氏度的长期趋势和年代际自然振荡，到 21 世纪末，全球年平均温度最多可达 0.6～0.8 摄氏度，不可能上升到 2 摄氏度或更高。21 世纪 30 年代，将会出现全球温度的小谷底，而温度自然变化的峰值会在 21 世纪 60 年代出现。

A6　解析西南干旱形成机制

2010 年 3 月 26 日　记者：王静　来源：科学时报

我国西南地区旱情告急！

此次旱情何以如此凶猛？是何原因造成？是否与全球变暖相关？美国 6 年前的预测是否准确？2010 年气候会发生怎样的变化……

带着诸多疑问，《科学时报》记者 3 月 24 日采访了北京大学大气系教授钱维宏。

《科学时报》：去年的严重春旱发生在我国北方地区，今年为何发生在西南？

钱维宏：华北地区和西南地区是我国干旱事件发生频次最多的两个地

区。就多年平均干旱日来说，华北每年达 38 天，西南地区为 30 天，西南在我国八大地区中干旱程度处于第二位。这两个地区长于 5 天的持续性干旱事件平均每年有一次。有些持续性干旱，会在这两个地区同时发生，或先后发生。

《科学时报》：此前，您曾说过全球气温正处在一个有记录以来的最暖平台的边缘。这次我国西南地区的干旱发展如此凶猛，与这个暖平台有关吗？

钱维宏：有一定联系。无论是过去百年，或者几十年的长期变暖趋势，还是不同 10 年际的暖平台和冷低谷，它们都是指全球整体平均温度的长时间变化。气候系统不论是在暖平台，还是在冷低谷，相对来说都是一个比较稳定的状态。问题往往会出现在进出暖平台或进出冷低谷的时候，系统内部会出现较大的调整。

比如很多地方在即将进入盛夏时，会有一次强烈的升温。在盛夏时段，虽然温度较高，但最大的变幅还是首次增温；同样，盛夏末了，一次强烈的降温后，气温就再也上不来了。在进入隆冬气温低谷前，也会有一次强寒潮。

20 世纪与 21 世纪之交暖平台的首次增温事件就发生在 1998 年。当年，我国长江流域和东北地区发生了持续性的洪涝事件。紧接着，1998年 9 月月底到 1999 年 4 月月底，我国黄河流域发生了持续 200 多天的干旱事件。这些事例说明，在这种暖平台或冷低谷发生调整的时候，区域气候异常事件很容易发生。

《科学时报》：目前气候变化是否有调整迹象？

钱维宏：大尺度的热力对比和大气环流都会发生异常调整。每次持续性异常气候事件的发生，直接的原因是大气环流异常，背后的真正原因是热力对比出现异常。1997～1998 年冬春季，海洋上发生了 20 世纪最强的厄尔尼诺事件。这必然导致大气环流系统的异常和区域气候的异常。我国的大旱和大涝就在相邻的地区先后发生了。

《科学时报》：去冬今春以来，我国北方发生的持续性冰雪事件和西南正在发生的干旱事件也有直接原因和背后原因吗？

钱维宏：这两个原因都很清楚。我国北方和整个北半球中纬度带的持续冰雪事件是北极地区与中纬度地区热力对比异常和环流异常调整的结果。

174

过去的 20 多年，特别是 10 多年来，我国北方和东北亚地区冬季气温长期处于偏高状态。可是，这个冬季，甚至从去年晚秋开始气温就相对前些年偏低。这就是热力调整在一些区域的表现。去年秋季，太平洋上变暖的厄尔尼诺事件的发展，同时期的印度洋海温也逐步异常变暖。我国西南地区就处于北方冷和南方海洋暖的中间地带。这种热力对比的巧遇很多年未有，这次干旱成为近 60 年之最。1960 年以来，在我国前 10 个持续性干旱事件中，西南地区 1968～1969 年的持续干旱长达 140 多天，排在第 8 位，而在西南地区排在第二位。这一年也是赤道海洋增温年。

《科学时报》：我国西南的长期干旱为何都跨年度并与海温异常变暖有关？

钱维宏：干旱常常是干季中又叠加了不利于降水的环境异常。我国西南地区受西南季风的影响。12 月到次年 3 月的 4 个月里，是气候上降水量的低谷，多年区域平均日降水量不足 1 毫米。受大尺度青藏高原与海洋大尺度热力对比的影响，5 月月初到 9 月，西南地区季风气流增强，进入湿季，区域平均日降水量大于 4 毫米。4 月和 10 月是干湿过渡月份。干季的降水水汽也来自西南部海洋，但水汽输送的高度比较低。我国西南地区干季有一地形槽，天气形势多表现为昆明静止锋。只要有南来的低层暖湿气流和北来的冷空气相遇，昆明静止锋增强会有降水。2007～2008 年的冬季赤道海洋上发生了近 10 年来的强降温事件，即拉尼娜事件。这种热力对比和大气环流异常正好与今年的情况相反。北方的冷空气与南来的暖湿空气不断交锋，形成了 2008 年年初我国西南贵州省最为惨重的冰冻持续灾害事件。

持续的干旱和雨雪冰冻事件中海温变化可能是主脉。从上年秋到第二年春的干季里，只要海洋环境不利于水汽输送就会与干季合拍，形成干旱。

《科学时报》：2004 年，美国国防部有报告预测中国南部地区在 2010 年前后将发生持续整整 10 年的特大干旱。他们预测说，中国现在"南涝北旱"的降水分布型，届时可能变成"北涝南旱"的降水分布型。您有什么看法？

钱维宏：这个预测是美国国防部出资，由一个咨询评估公司归纳的。

中国科学家所说的"南涝北旱"是指，我国东部季风区夏季长江中下游与华北的年代际气候变化和转折现象，并不涉及我国西南地区。

我国东部夏季降水带呈季节性向北推进,夏季降水多或降水少的分布,在流域上是清楚的。

我国西南夏季降水不存在雨带季节推进的过程。2010年之前的降水已经清楚了,2010年之后可以拭目以待。

这些年来,夏季,西南季风减弱和我国东部季风减弱,沿着这两种季风气流到达的边缘带,从华北到西南地区夏季平均降水是减少的。西南地区降水最少的时期,从20世纪80年代末到90年代初。1998年长江夏季大水以来,黄河下游降水仍在减少,淮河流域降水在增多,长江下游降水在减少;华南自1993年以来,除个别年份外,降水偏多。中国夏季降水,在季节进程上、年与年的变化上、长期趋势上,都具有流域一致性和不同流域之间的差异。

美国的报告并没有提到中国夏季降水分布形势上的这些关键点。

1993年以来,东部季风进一步减弱,所以华南降水较多。季风强弱变化大约有70年的周期规律。现在,西南地区形成的干旱不是在夏季,而是在去冬今春。在季风北边缘地区,季风气流可以多年不到,5~8年的持续干旱是曾经发生过的。20世纪20年代,黄河中上游地区就发生了对生存环境有致命影响的持续干旱事件。

《科学时报》:3月23日是世界气象日,今年的主题是:"人类安全和福祉。"您怎样理解这个主题?

钱维宏:用两句话来理解。第一句:平安是幸福。最好晴雨在不太长的时间内间隔而来,风调雨顺,气候变化不再出现大起伏,即可平安。第二句:气候孕育生命。生存是人类的基本权。气候最基本的要素是光热和降水。人类能够充分享受到所需要的光热和雨水,就是最基本的生存条件,是幸福和富裕不可缺少的内容。

《科学时报》:您认为气候变化在未来会风调雨顺,还是大起大落?

钱维宏:历史值得回顾,失衡就会成灾。这几十年来,随着东亚地区中高纬度的增温,南北之间的温度梯度减小了,西风减弱了,影响我国的沙尘暴事件的频次也减少了。但20世纪六七十年代,冬季寒冷利于春季解冻,土壤风化是沙尘形成的微观条件,春季南北温差大,形成的强西风是起沙的宏观动力学条件。今年,我国北方具备了微观条件,也出现了宏观条件。热带海洋上的暖海温现象还没有退去。这些大尺度的热力异常,会导致大尺度的环流异常,气候异常也在所难免。

预测和预防的任务，在这 10 年际气候调整的时刻会更重，需要强调。

中国人有句古训"凡事预则立，不预则废"。人类没法改变大的自然环境，甚至不可预测，但能有所顾虑和准备，这也没有坏处。

A7 从争论中求共识

2010 年 5 月 20 日　作者：钱维宏　来源：科学时报

国际社会对气候变化的争议愈演愈烈。继有关国际科学组织发表各种声明以来，近日（5 月 7 日）美国《科学》杂志又刊登 255 名美国科学院院士关于"气候变化与科学诚信"的公开信。

气候变化的科学争论焦点主要集中在近百年气候观测事实证据的完备性、人类活动与自然因子作用的相对大小、气候模式预测和利用模式评估未来气候变化趋势的可靠性以及气候变化影响的严重程度等方面。这封公开信是在指责气候变化怀疑论者不应该对全球科学家政治攻击。这说明气候变化科学问题已经转变成政治争论。

气候变化毕竟是科学问题，应该及早在科学上找到答案。找答案不是建立庞大的组织开展群体争论，而是依靠在气候变化第一线的科学家，特别是从事百年到千年气温变化研究的科学家。

科学正是要证明事件和事实。到目前为止，很多的科学结论多来自实验室，那是在很多假定、理想化甚至抽象的环境条件下得到的。真实的气候系统是非常复杂的，包含了相态变化和物质与能量的交换。气候系统中的温室效应是不能与实验室内的温室效应和计算机模型温室效应直接比拟的。

人类科学发展进程中确实有过错误的共识，但那是受到客观条件和世界观的局限。为了避免历史上为共识所导致的错误，今天人们就要自觉地听取不同的意见，甚至听取批判者的意见。伽利略、巴斯德、达尔文和爱因斯坦等著名科学家所走的是从"理论—实践—理论"反复进行的艰苦道路。实践就是遭遇挫折和广泛听取意见的过程。科学真理能够被这少数人认识，是因为他们敢于面对挫折和听取批评意见的结果，而非共识所推行的。在自然科学上，有些理论是经得起大量重复试验和观测数据证明的。

但气候变化的观测资料太少，时间太短，任何气候变化的理论与要达到"事实"的距离还非常遥远。

科学技术的发展大大推进了人类对自然的认识。比如，星球年龄是基于地壳岩石生成以来放射性同位素随时间衰变测定的。这个数据并不代表地球起源理论。到目前为止，人类对自然的认识仍然非常有限。数学上对复杂性问题并没有得到很好的解决，物理上对复杂现象并没有得到很好的认识。气候系统中有气体、液体和固体，是一个非常复杂的相互作用系统。在解释自然界的宏观现象中，很多结论仍然不是科学的理论，而是假说。宇宙大爆炸理论只是一种猜想。

人类持续改变着环境，也改变了局地气候。在现代技术下，人类在地球上无所不到，对生态系统确实构成了威胁。人类活动对全球平均气温的改变量还没有得到具体数据。气候永远在变化，过去变化，未来还将变化下去。

全球变暖是事实，2009年冬季经历了赤道太平洋的厄尔尼诺事件是事实，北半球环球条带的干旱与雨涝是事实，华盛顿多雪的冬天也是事实。但这些事实形成的原因并不一样。全球变暖不能解释局地干旱、雨涝、热浪和低温。这些持续性极端气候事件是热力对比分布下的产物。全球气温变化滞后于太阳辐射变化，滞后于海温变化，但全球气温变化并不滞后于大气二氧化碳浓度的变化。

地球变暖是一个不争的事实，争论是在双方或多方都没有确定变暖的观测数据中有多少来自自然因素，又有多少来自人类活动的影响。无论地球是变暖还是变冷，对人类都有正反两方面的影响。

人类要立即行动起来解决环境变化的根源并认识气候变化的根源。解决环境问题是要约束化石燃料的燃烧。有几个问题确实已经到了要澄清的时候：

(1) 近百年气候观测事实证据的完备性。尽管有"气候门"事件对数据的怀疑，但国际上有了多条近百年的气温数据，它们之间的差异并不大。这些数据都表现出1976年以前的冷期，那时冬季河流的结冰现象比现在明显，渤海也是在30多年前有过2009年冬的冰冻。这些都反映出气候在变化，特别是有几十年的周期变化。

(2) 人类活动与自然因子作用的相对大小。1850年以来全球气温上升的趋势是每百年0.44摄氏度，这一趋势中可能含有自然因素和人类活动的作用。20 世纪全球变暖的幅度大约为 1 摄氏度。如果把长期趋势都归结为人类活动，比值不到一半。

（3）现在迫切需要得到最近 1000～2000 年的可靠气温代用数据，以便定量估计从中世纪暖期到小冰期气温经历的下降自然变化。这种长数据也是认识几百年尺度的自然气候波动对 0.44 摄氏度趋势有多大影响的需要。

（4）要评估近百年特别是近 50 年来城市化的发展速率对 0.44 摄氏度趋势的影响，因为城市化直接影响了仪器观测的数据。

（5）人类土地利用直接改变了地球与大气之间的能量、质量，特别是水分交换的速率。水分不但会发生相变，也是地球上最大的温室气体。二氧化碳作为大气温室气体之一，在解释全球变暖的量值上仍然存在不确定性。

（6）气候模式的可靠性。尽管在温室气体驱动下，目前的气候模式能够把近百年的增温再现出来，但对于自然变化部分，如 20 世纪最初十年的冷低谷和 20 世纪 40 年代的暖平台并没有再现出来。

（7）气候变化影响不但要考虑变暖，也要考虑降温。片面强调气候变暖影响的对策会有风险。在气候预测还存在不确定性的情况下，不只是预估一种结果，而要预估可能会出现的几种结果，对不同结果有所防范和准备，才能立于不败之地。

（8）工业化以来人类使用化石燃料数量的阶段转折与大气二氧化碳浓度变化拐点有确定的联系。这种联系反映出，大气二氧化碳浓度是人类化石燃烧记录的一种指标。现代人类正利用前人所没有掌握的技术，加快燃烧地球地质时期沉积的气候资源。这不但对前人和后人不公平，也增加了地球环境的负担和生态环境的退化。

总之，全球近百年和近 50 年变暖趋势加大是一个不争的事实。工业化以来大气二氧化碳浓度增加记录了化石燃烧排放量也是不争的事实。但全球变暖与大气二氧化碳浓度增加的因果关系还不明确。各种极端气候事件是气候系统内部热力对比形成的结果，不是全球变暖和全球降温的直接结果。气候变化是科学问题，人类活动和大气二氧化碳浓度增加是环境问题，人类为减少排放采取的行动，是明智的无悔行动。

人类采取行动的依据是科学。联合国政府间气候变化专门委员会（IPCC）的工作目标是对科学家的研究成果作出评估。我们欢迎 IPCC 和

有关评估组织充分反映历史气候变化研究的多方成果,对未来气候预测也要有不同的方法和不同的意见。我们也欢迎美国《科学》等国际顶尖刊物发表更多的科学观点,用事实代替争论。

A8 高空喷射气流 意外受阻酿祸

2010 年 9 月 05 日 记者:陈强 来源:羊城晚报

2009 年冬至 2010 年春北半球的冰冻低温和持续干旱刚刚过去,今年夏季的气候还不太平。羊城晚报记者专访了北京大学大气科学系教授钱维宏,他指出欧亚 2010 年夏持续性极端天气事件发生的直接罪魁祸首是高空急流中断下的"阻塞形势"。

羊城晚报:国外科学家和媒体认为,一种罕见的高空"喷射气流"被意外地"截住",并导致俄罗斯西部地区的持续干旱和巴基斯坦地区的暴雨不断。请问什么是高空"喷射气流"?

钱维宏:北半球的对流层大气中有一条宽广的西风带,受南北方向温度差的作用,在中高纬度对流层顶附近形成一支西风急流,中心风速超过每秒 30 米,最大风速可达每秒 100 多米。这支西风急流就是所谓的"高空喷射气流"。

西风带上叠加有多个快慢不等的波动,就是所谓的"罗斯比波"。

有些月份波动会发生异常,环球只剩下尺度很大的 3~4 个静止波。此时高空急流被中断而分割成南北错开的几段。这 3~4 个静止波就形成了 3~4 对相互孤立的阻塞高压和截断低压环流系统,称为"阻塞形势",挡在原本西风急流经过的位置上。

西风急流中断与阻塞形势一旦出现,就会在阻塞高压和截断低压系统的不同部位形成大范围的持续异常天气。

翻开最近 1 个多月的北半球天气图,可以看到西风急流被中断了。中高纬度大气中只有 3 个静止波,最强的阻塞高压中心在俄罗斯的西部地区上空,而截断低压在俄罗斯东部的西伯利亚地区。阻塞高压环流下的持续天气是暖干的,容易引发森林大火。截断低压环流下的持续天气是冷湿的,多降水。所以,近两个月来,俄罗斯的东部与西部形成了完全相反的大气异常环流和水火两重天的持续极端天气。

羊城晚报：俄罗斯高温干旱怎么跟巴基斯坦洪涝联系在一起？

钱维宏：气候上，7月月底至 8 月月初，南亚季风发展到最北的印度半岛西北部和巴基斯坦地区，这一地区也称为季风北边缘带。如果来自印度洋的强盛南亚季风暖湿气流与来自欧洲的西风带干冷空气在这个边缘带上相对峙，就会造成持续的洪涝灾害。位于俄罗斯西部和东部的一对阻塞系统为到达巴基斯坦的干冷气流提供了条件。

羊城晚报：导致这种大气环流变化和气候异常的原因又是什么呢？

钱维宏：海温异常是大气环流变化和气候异常的重要原因。近年来北大西洋持续开温，2010 年 8 月成为近 150 年来海温变暖之最。

附录 B
电视采访

B1　气候变化原因新探索

2010 年 3 月 21 日　CCTV《面对面》柴静访谈录

　　解说：对于北半球来说，这个漫长的冬天格外冷。除了俄罗斯远东至美国阿拉斯加和加拿大东部气温偏高以外，北半球中高纬度的几乎所有地区都受到罕见的寒潮和降雪袭击。就连孟加拉国、印度、尼泊尔和巴基斯坦这些低纬度国家都受到了影响。据中国国家气候中心初步统计，在这次寒潮中，欧洲至少有 136 人死亡，亚洲死亡 377 人，北美洲死亡 21 人。这种现象和一直以来人们习惯认定的地球在升温，全球在变暖的趋势正好相反。

　　记者：我们现在感到不光是今年在变冷，北半球很多国家都出现了这样的极端天气，而且好像从 2008 年冰雪灾害开始起，感觉一年冬天都比一年冬天冷，我们这种知觉准确吗？

钱维宏:准确。这几年来,是在温度波动的过程当中,一年比一年冷了。

记者:一直在喊全球变暖,全球变暖,为什么这几年冬天会越来越冷呢?

钱维宏:过去大概有 20 年左右是暖冬,温度都很高,现在好像突然要往下掉了。现在出现的一个暖期,我们把它叫做暖平台。什么意思,已经到了一个温度比较高的顶点了,过了这个顶点,温度会有所下降。

记者:您是说我们现在是处在一个降温的边缘吗?

钱维宏:对,已经到了一个降温的边缘,就要开始降温了。

记者:不是有向上一直变暖的趋势,为何出现向下的降温呢?

钱维宏:世纪之交是一个暖平台,过了这个暖平台,气温就开始下降了,所以现在这种强冷天气是下降的信号。

记者:您在发表一个让我们非常吃惊的观点,因为在此之前几乎所有人都认为我们现在是在一个全球变暖,而且在非常危险的趋势上。您现在告诉我们,我们将要走进一个降温的边缘。

钱维宏:对。

解说:作为北京大学物理学院大气科学系教授,钱维宏一直致力于全球气候系统的研究,1997 年曾成功预报了著名的厄尔尼诺事件。根据他的研究,判断全球气候变化趋势,与所选取的时间范围密切相关。如果选取 1998 年以来 10 年间的全球平均气温来看,趋势是下降的。

记者:最近的这个寒冷究竟是什么造成的?

钱维宏:直接的原因是大气环流。

记者:您指的大气环流是什么?

钱维宏:比如说冬天北极的涡旋,是个冷涡。这个冷涡本来是在北极的。

钱维宏:正常情况下的冷涡是在北极附近。今年这个冷涡是一分为四。一个在欧洲,一个在北美,一个在中太平洋,一个跑到西伯利亚去了。

记者:这个冷涡是固定在北极的吗?

钱维宏:正常的情况下它应该在北极。

记者:它今年为什么会分散?

钱维宏:大气环流异常。

记者：您的意思是说，北极的冷空气被逼出来？

钱维宏：你说对了，逼到本来这个地方不应该是冷空气待的地方。

记者：我们现在感觉到的冷是从北极来的冷空气？

钱维宏：对。

记者：听上去好多人很好奇，怎么会这样呢？

钱维宏：我们直接看到，它从西伯利亚过来的，可是西伯利亚冷空气从哪儿来，就是北极逼出来的。因为北极冬天晒不到太阳光，就逐步地冷却。今年大气环流异常以后，就使得极地冷涡分裂成四个中心，一分为四，就挤到它的周围来了。

记者：它被什么逼出来，挤出来了？

钱维宏：北极附近应该是冷，在它的周围应该是暖。暖处的大气西风气流，就像高速公路上的车流，速度很快。这个结构会使得北极越来越冷，这条高速公路上会越来越暖。由于有海陆分布的影响，车流就要发生偏转，有的车流向北，冲到北极去了。暖空气带到北极去了，北极的冷空气没地方待了，只好往南跑。这样就来了个位置的对调。这个位置的对调就叫要大气环流异常。

记者：您的意思是说，暖空气太暖了所以就跑到北极去，把冷空气挤出来，挤到我们这儿来了。

钱维宏：对。

记者：但是我们不明白，您说的这个异常的热的空气又从哪儿来？

钱维宏：热的空气就是纬度比较低，那个地方能晒到太阳，冷的空气就是北极晒不到太阳。

记者：平常也都有这种能晒到太阳热的地方，为什么不会出现像今年这样的，能把冷空气挤出来的力量。

钱维宏：这就是前期北极已经很冷了，然后它的中纬度地区变得暖了。往往，极端事件发生之前都先出现变暖，形成冷与暖的差异。

B1.1　电影《后天》片段

解说：冰雪灾害等极端天气的频发让人们不禁联想到了那部 5 年前上映的电影《后天》。电影中，温室效应导致两极冰盖消融，水温和盐分的改变引发了洋流和气流循环的变化，最终使中高纬度地区进入了新的冰川时代。美国被全部冰冻，政府不得不带领民众退往仍然温暖的墨西哥。有人拿现实中的极端天气与电影中的情节作类比，提出正是由于二氧化碳让地球变暖，才导致了这些极端天气的出现。

记者：这个解释准确吗？

钱维宏：我觉得值得研究。

钱维宏：整个大气中二氧化碳浓度都是增加的，可是我们现在看到的温度变化，不是所有的地方都升高的。比如说过去一百年，格陵兰岛温度是升高的，可是格陵兰岛南边不远的地方，海上温度就是降低的。最近30年来，北半球的温度是上升的，可是南半球的区域温度是下降的。这意味着，二氧化碳对气候的影响有偏见，导致有些地方温度升高了，有些地方温度降低了。这是说不通的。

记者：这会与不同区域二氧化碳浓度的不同有关吗？

钱维宏：你觉得我们这个房间里要放了二氧化碳，有的地方二氧化碳浓度高，有的地方二氧化碳浓度低吗？

记者：当然会有一个流动，是否还会有差异呢？

钱维宏：那大气环流也是流动的。

记者：目前科学界能否对这种差异有个解释？

钱维宏：这就是需要好好研究的，为什么产生这样的偏见。

解说：钱维宏提出的观点是与 IPCC 评估报告有所不同的。IPCC 是联合国环境规划署和世界气象组织联合成立的政府间气候变化专门委员会，汇集了来自世界各国的科学家，每四到五年就会出版一次气候变化评估报告。在第三次和第四次评估报告中，都预测了全球气温将持续上升。其中引用了西方学者曼建立的著名的"曲棍球杆"曲线和"湿面条"曲线，是近千年和近两千年北半球温度序列，都强调近千年来北半球温度处于缓慢下降的过程中，到20世纪才突然上升，其中心思想是证明，20世纪变暖是近千年来前所未有的，所以是人类活动影响造成的，也就是说是温室效应加剧的结果。

记者：二氧化碳的增加造成全球变暖，这几乎已经是一个定论，并且在报告里面被很多人达成共识，不是吗？

钱维宏：我觉得是第一个疑问。二氧化碳增多了，应该全球温度统统升高，不能有些地方升高，有些地方还降低。这是一个从地区上需要好好研究的问题。另外一个从时间上来看，我们把气温资料分析得很详细了，有一个中世纪暖期，但在 1450 年温度下降进入到小冰期。大概到了 1850 年，温度又上来了，我们把它叫做全球变暖期，先后有三个时期。我们再看二氧化碳浓度变化也有三个时期。一个时期二氧化碳浓度大概是 282ppm，比较平缓。后来到 1572 年浓度降下来了，然后逐步地上升。到了 20 世纪 50 年代，突然上升得更快了，把这个时间点叫做变化的拐点。早先，我们注意到温度先突然掉下来，二氧化碳后也突然掉下来。后来，温度快速上升，二氧化碳也随后快速上升。

记者：所以，这就是 IPCC 报告的主要依据，认为人类活动对气候变化的影响在这个曲线当中体现得很明显了。

钱维宏：我刚才说了，粗看是明显。但你细看，去找这些突变点，就有一些问题了。

记者：有什么问题吗？

钱维宏：是先温度变，然后是二氧化碳浓度变。二氧化碳浓度比温度变化要落后一百年。

记者：您是说气温变暖在先？

钱维宏：在先。

记者：二氧化碳变化拐点在后？

钱维宏：对。

记者：中间差距多长时间？

钱维宏：差不多一百年。

记者：您的意思就是说，有了这一百年，所以就形不成因果关系。

钱维宏：因果关系有待研究。

记者：当然会有科学家提出一个意见，认为二氧化碳有一个积聚效应，或者说在之前它已经存在了，有一个缓慢的累计，气候变化在先，之后出现二氧化碳的拐点，这个是不是也很正常？

钱维宏：二氧化碳是一个累积的过程，就像骆驼背上驮稻草，二氧化碳就是像稻草，一根一根往上加，只要加到最后一根的时候，骆驼就趴下来了。可是你这个骆驼早就趴下来了，你没有把稻草加到那个程度，它就趴下来了，这怎么解释。

解说：从钱维宏的研究来看，二氧化碳排放与全球变暖的因果关系并不确定，但在近百年间气温确实是上升了，上升的原因又是什么呢？钱维宏带领课题组对气温序列又作了进一步的研究，得出结论，近 20 年间全球气候急剧变暖是由于太阳辐射以及海洋影响的四个波的自然叠加。

钱维宏：气温变化中有四个波，最近的变暖是千年等一回的事件。什么意思？在 20 世纪与 21 世纪之交，这四个波发生了暖期叠加。在这之前的一千年中，你找不到这样的重叠现象，所以说它是千年等一回。

记者：您的意思是说，非常罕见？

钱维宏：罕见。

记者：一千年当中只有一次？

钱维宏：只见到这一次。

记者：您认为，四个波叠加的结果是什么？

钱维宏：就是最近大家看到的全球最近 20 年来的变暖，非常厉害。

记者：也就是说您认为骤然变暖是四个波叠加的结果？

钱维宏：是的。

记者：而不是二氧化碳造成的结果？

钱维宏：在这个偏差部分，就是四个波叠加的结果。

记者：气温变化的四个波与人类活动有关系吗？

钱维宏：没关。

解说：20 世纪的全球气温上升了 1 摄氏度，根据钱维宏的研究测算，这 1 摄氏度中，有 0.56 摄氏度是来自自然的变化，其余的 0.44 摄氏度变化仍然不排除自然的因素。这也就是说，人类活动排放二氧化碳对 20 世纪百年间气候变化的影响不到一半。IPCC 报告预测全球平均地表温度在未来百年将持续上升 1.4～5.8 摄氏度，但钱维宏不同意这样的预测，对于未来气候变化，他做出了自己的判断。

记者：按照您现在学说的话，您预计未来这一个世纪，百年之内，您觉得气温上升会是一个什么样的区间？

钱维宏：我这儿有四张预报图。第一张预报是我 2002 年做的，它应该是从 1998 年开始下降。

记者：下降到什么时候？

钱维宏：下降到 2030～2040 年。

记者：然后呢？

钱维宏：然后再上升。

记者：您实际上是在预报说，2030 年之前，我们将一直呈现一个降温的状态。

钱维宏：在这样一个时间尺度下，我不是谈未来一百年，我只是谈六七十年这样一个波动下，它应该是下降的。但是它这里面还有一个增加的趋势，我把这两者加起来，它应该还是下降的。

记者：这个波动跟人类活动有任何关系吗？

钱维宏：没有关系。

记者：会不会，当这个下降结束之后，也就是 2030 年之后，气温又会继续地，甚至非常急速地上升。

钱维宏：对，会再上升。我再给你看第二个预报。第二个预报是两个波动叠加上每百年 0.44 摄氏度的趋势，在 2035 年前后，温度要掉下来，比现在要冷。

钱维宏：到了 2068 年前后，温度上升达到 0.6 摄氏度。也就是说，用两波叠加上趋势，它的温度大概最多到 0.6 摄氏度①。

记者：您是在说一百年内，不会超过 0.7 摄氏度？

钱维宏：我想肯定不会达到 2 摄氏度。

记者：您这么确定？

钱维宏：我作的分析是这样。

B1.2　电影《未来水世界》片段

解说：这是灾难电影《未来水世界》的片段，它表现的就是由于全球变暖，冰川融化，地球被海洋覆盖，人类生存受到严重挑战的故事。它所依据的也正是温室气体导致全球升温的理论，在这种理论基础上还产生了很多灾难片。长期以来，二氧化碳的排放让全球变暖的结论早已深入人心。但钱维宏的研究让人们从以往的定向思维中听到了另外一种声音。

记者：您当时之所以会有这样一个研究的前提是为了要推翻 IPCC 的结论吗？

钱维宏：我不是，我做的工作不是要推翻谁，我的目标是要认识自然，认识自然就是要完成老祖宗的作业，老祖宗早就说了，"天地有大美而不言，四时有明法而不议，万物有成理而不说"。

———————————

① 在不考虑年际波动叠加下的温度预测

记者:您提出这个学术观点,可能会有人提出这样一种意见,说因为中国目前是碳排放大国,所以当然希望能够在科学上得到一些解释,其实排放没有那么严重,不需要那么强地去约束,中国科学家的观点是否是为这样一种国家利益在服务?有这样一个前提吗?对您来说。

钱维宏:我没有这样一个前提,我做的工作仅仅是为了认识自然,解释这个事件为什么这么变化。

B2 从干旱看全球气候变化

2010 年 4 月 3 日   凤凰卫视《世纪大讲堂》(这期节目制作在 4 月 14 日玉树地震的 10 天前)

内容提示:中国西南百年一遇的大旱,牵动着我们所有人的心,同时我们也看到,中国华北三月降雪,南方持续低温,与此同时,地震、干旱、雪灾等极端气候事件,也频频造访各国和地区,我们不禁要问,这些事件背后的联系和原因是什么?气候究竟是变暖了,还是变冷了?接下来还将发生什么?有关这些问题,我们荣幸地邀请到了北京大学物理学院教授钱维宏先生。

作为北京大学物理学院大气科学系教授,钱维宏一直致力于全球气候系统的研究。他认为,判断全球气候变化,与所选取的不同时间尺度有关。如果选取 1998 年以来的十年际尺度看全球平均气温的变化,全球气候正处于一个特暖的平台。1997 年,他曾成功地预报了著名的厄尔尼诺事件。1999 年,钱教授开始从事"近百年来我国北方地区干湿变化规律及预测方法研究"。对于旱涝和冷暖等持续性极端天气事件,钱教授有一套独立的分析系统。

王鲁湘:钱教授,您知道,今天您到我们《世纪大讲堂》来,肯定我们是关注一个话题,中国西南地区特大的持续干旱。我知道,这一次西南地区的干旱,它发生在一个山清水秀的地方,是吧。像广西、贵州、云南这些地方,过去历史上,这个地方有过持续的抗旱的这种记录吗?

钱维宏:有气象记录以来,像这样持续的范围比较大的强烈的干旱,是没有见到。

王鲁湘：那么这次我们也看到，和我们西南地区毗邻的，像中南半岛的一些国家，泰国、越南，也遇到了这样一种旱灾，它是不是在一个气象区域里头？

钱维宏：在东南亚地区，这几个地方都发生了比较严重的干旱，其中中国西南地区的干旱是东南亚最严重的。

王鲁湘：最严重的。它的这个原因是什么？

钱维宏：原因我们考虑，一个直接的原因是大气环流的异常。还有一个背后的原因是海洋异常。那可能还有更深层次的原因，我们还要去进一步地探索。

王鲁湘：那么这两年除了我们中国的西南地区的干旱以外，我们说了还有其他的一些极端气象事件的发生，包括人家说是不是和地震也有关系。

钱维宏：自然界的一些变化，它有所谓的活跃期，还有平静期。我们气象当中也有一些灾害是频繁发生的，或者叫做群发。

王鲁湘：群发？

钱维宏：对。像海洋中，厄尔尼诺，它也有相对的平静期和活跃期。我想地震大家可能也都听说过，也有平静期和活跃期。也许在某一个时间尺度下，或者说自然界在变的时候差一点条件，另外一个条件被隐藏。当一个条件满足了，事件的群发就可能发生（干旱、地震、暴雨和泥石流等群发事件的背后就潜伏着人类土地利用和植被破坏的隐患）。

王鲁湘：那么在您看来，我们全球气候变化与极端气候事件发生的原因，一个和海洋有关系，还有一个和气候变化有关系，那么还有没有更深层次的原因呢？

钱维宏：那些环流的异常和海洋的异常是从季节和年这个时间尺度来考虑的。那当然，它可能还有背景。比方说，十年际的温度变化，那就是我们要提到的暖平台。我们的大气运动中有很多的时间尺度，比如说它有20年左右的一个周性变化。这个规则的变化会带来十年比较暖，十年比较冷。另外还有六七十年的一个周期变化，它有30多年是暖，30多年是冷。那么，可能还有更长时间尺度的，百年的变化。对百年的变化，它就有几十年暖和几十年冷。可以看到，如果有这么几个不同尺度暖位相的叠加，那它就会形成一个特别的暖平台了。也就是说，我们过去的十多年来碰到一个什么呢？我们碰到了几个时间尺度暖位相的同时叠加，出现了一

191

个特别的暖平台。

王鲁湘：好，现在让我们以热烈的掌声欢迎钱教授演讲，他今天演讲的主题就是，《从干旱看全球气候变化》，大家欢迎。

解说词：中国西南大旱牵动人心，地震、旱涝、飓风频频造访地球，地轴位移的猜想，变冷与变暖的争议，现象背后，联系、原因、发展，如何解读？

我们这次的西南干旱，不是一个局地现象，它是东南亚干旱的一个部分，向南到越南，到缅甸，到菲律宾，向西到南亚，印度也在发生严重的干旱。我们再向西到北非，北非大范围地在发生干旱。我们再继续向西，跨过大西洋到拉美国家，拉美国家也在发生干旱。大家马上明白，这个干旱是在一个带上，环球的，这个环球的位置就在北半球的热带地区。

再看我们的北边。我们的北边有两个大的降水中心，雨雪中心，一个在新疆，另外一个在墨西哥到美国的西南部地区。把这两个中心连在一起，从我们国家的新疆向东北，东北亚，以及到欧洲的南部地区，到中亚。这又形成了一条带，这个带上雨雪频繁发生，持续低温。我们再向北，在环极地附近，从北欧到俄罗斯北部，到阿拉斯加，到今年冬天的冬奥会主办国加拿大，环北极发生了降雪和降雨偏少，这又是一个环球条带。

为什么形成了这三个环球条带？在我们的北半球，气候发生了这样一个形态的变化，它的背后原因是什么？背后原因是大气环流的异常变化。我们看到，在赤道地区，赤道辐合带强度和位置发生了变化，导致了赤道以外热带地区发生了环流的变化，并波及中高纬度。气候上，北极应该是环流高度比较低的，温度也应该是低的，因为那里晒不到太阳，而在中纬度地区应该是温度高的。可去冬今春的环流变了，极地变成了一个异常的高压。而在它的周围地区，在中纬度地区，变成了异常的低压带，当然这上面还有一些低压中心。这些低压中心直接影响到欧洲中南部地区的持续性的异常暴雪天气，中国北方的暴雪天气，以及美国东北部地区的暴雪天气，直接原因是大气环流。

它的背后的真正原因是什么呢？

解说词：从中国西南干旱出发，我们发现三个气候异常的环球条带，大气环流异常背后，它们形成的真正原因是什么？今年的厄尔尼诺现象有何奇异之处？从地球深处到高空大气，从干旱到地震，它们有什么联系？

大家常常把极端事件，持续性的极端事件跟赤道海温异常厄尔尼诺联系在一起。从去年到今年，也发生了一个厄尔尼诺。可是，这次厄尔尼诺与往常不同。往常的厄尔尼诺，是在中东太平洋增温，西太平洋有所降温。可是今年是整个太平洋赤道附近增温。这种增温波及赤道以北的大西洋热带地区和印度洋热带地区，也波及我们的附近南海、阿拉伯海和孟加拉湾。这些地方都在发生着 $1\sim3$ 摄氏度的增温，形成了一条环球的海洋增温带。这样的条带增温会导致赤道辐合带的异常，会导致赤道以外大气环流的异常。这样的大气环流异常也应该是条带的，应该是环球纬圈的。它的天气异常和气候异常，也应该是环球纬圈的。我们从天气气候讲到了大气环流，最后讲到了海洋温度，这样一个环球的海温异常。

我们先来看大气受哪些相互作用，有哪些异常。在季节到年际这样一个时间尺度上，最强的信号就是赤道东太平洋的海温异常。这个海温异常，有三个方面会相互联系。一个是大气环流异常，一个是海洋异常，还有一个是地球角动量，也就是地球自转速度要发生异常。这里，它们之间的变化有相位关系。从那一个位相出发，比如说从海温异常。如果赤道东太平洋发生了厄尔尼诺事件，海温升高。这个时候，东太平洋气压降低。这个气压降低会发生西风异常，也就是说大气的角动量要发生异常。在南北美洲的西侧，气压偏低。这个时候，有一个山脉力矩是向西的，地球自转要发生减慢。所以，这样的一个厄尔尼诺事件，是一个异常事件，它会引起气候的异常。实际上，它不但跟海洋联系在一起，而且还跟地球自转速度变化联系在一起。这是在季节到年际时间尺度上的一种情况。

大气是一个圈层，海洋是一个圈层，固体地球是一个刚体的话，也是一个圈层。这三个圈层在季节到年际时间尺度里，它们也会发生相互作用。海洋提供了一个热力条件，驱动大气环流。大气环流会导致气压的分布不均匀，特别是在南北美洲大陆的两侧。气压分布不均匀，就形成了山脉力矩。山脉力矩会导致地球自转速度的变化。于是我们看到，这三个圈层都发生了异常。在任何一个圈层当中，找任意一个物理量，代表它的异常信号。三个圈层当中，用赤道东太平洋海温代表海洋的异常信号，用西风角动量代表大气的异常信号，用日长变化代表地球旋转的异常信号。人们会发现，这三者之间有一个位相差。它们的相互作用也有活跃期和平静期。

地球内部也可以看作有三个圈层。一个圈层是地核，一个圈层是地幔，还有一个圈层是地壳。这三个圈层当中，最活跃的可能就是地幔。在地幔上有辐合带。这个辐合带是运动的，一种缓慢运动。这种缓慢运动会导致地震。地震就会主要发生在一个地下辐合带的地方和有山脉地形高度落差的地方。

地球的早期，可能就发生了一种现象，一种耦合。地核和地幔之间，也有一种耦合，热力的和动力的耦合，最后导致了大陆漂移。大陆最初是在两极的，最后漂移到地幔辐合带上。从这里可以看到，地球上有很多的圈层。从最外的大气到海洋，到地壳，到地幔，到地核，这些相互作用有什么联系？这些相互作用的时间尺度上，有什么匹配，都是我们值得探讨的问题。现在看到的这一次厄尔尼诺事件，不是一个太平洋的厄尔尼诺事件，而是一个环赤道的一次变暖。那么这样一个变暖，是不是跟更深层次的地下的活动有关。这是我们需要探讨的。

解说词：板块相撞，地球沧海桑田，从十年到百年，如何理解气候变化的时间尺度？借观测大气的角度透视地幔，我们获得观察气候的新鲜角度，来到地球深处，寻找气候异变的原因，解读地轴位移的原理与影响，匡正变冷与变暖的争议。

下面我给大家讲讲气候变化的时间尺度。气候变化有季节到年际变化的时间尺度，就像这一次的异常干旱。气候变化还有十年际的时间尺度，还有六七十年的时间尺度，还有百年以上的时间尺度。我们注意到，自有气象观测记录的 1850 年以来，全球平均的温度变化总体是上升的。在上升的过程当中，它又叠加了不同时间尺度的波动。

大气和海洋中还有空间上的波动。就像这条环球的海洋变暖，这样一个热力异常导致了大气环流的异常，赤道以北增强下沉气流，使那里发生干旱。向北，那里有上升气流产生降水。再向北，又有热力的下沉环流。看到的是一种空间波动，源在哪里，波往哪里传播。在空间上有波形的存在，在时间上有波动信号的存在。每个波的背后是有原因的，有外源强迫的。比如，太阳的活动，地球跟太阳之间距离的变化，地球旋转过程中极地位置发生的变化，地球内部运动的变化。这些都可能导致一种波动的激发，然后这个波动可以延续下去。

这些波动，当它们有叠加的时候，就会出现异常事件。所以，过去的 100 多年来，我们发现有三个暖的波峰，两个冷的波谷，它们就是几个波动叠加的结果。对 20 年的波动和六七十年的波动，你可以看到在过去 100 多年中它变化了几次。那还有更长的波动，你还没有把它的全貌、全过程看到。这些波动，就在过去的十年当中叠加了，而且是正位相叠加，所以出现了一个暖平台。

这里，海洋和大气之间有一种耦合关系，也会形成一种波的传播。太阳的活动，也会在地球上激发一种波，也在传播。也就说，随着太阳辐射量的变化，它会牵引我们的大气发生相应的变化。当然，要找到这个因果，就要把这两条序列，比如太阳活动和气温作很好的分析。把它们的某一个分量找出来，这个分量的关系，应该是强迫的那个信号超前，气温滞后。

也就是说，时间序列中包含了很多的波。我们有必要用有效的数理方法对这些波动进行分解，得到有规则的波动。然后，我们再去找对应的外源强迫。只有我们把大气中一些波的特征和外强迫的那些波的特征对接上，我们就找到了原因。

王鲁湘：非常感谢钱教授的演讲。我们过去一直认为天气的事情，就是老天爷在管，但是今天，钱教授告诉我们，实际上我们居住的这个地球本身，和气候的一些极端变化，或者是大尺度的一些长期的变化，可能关系更密切。您刚才还提到一个概念，就是还有一个大气的赤道辐合带，那个是在大气层中间的，是吧？

钱维宏：对。

王鲁湘：那个辐合带和您刚才说到的这个地幔的辐合带，是不是有对应关系？

钱维宏：它们形成在不同的流体中，没有对应关系。大气中的辐合带，它随时间在变，也受到海陆分布的影响。那个地下的地幔辐合带，也可能受到地底下的地形影响。我们看到的地壳，山有多高，它的根就有多深。你倒过来看，我们的地幔，它的运动也会受到山脉的影响。受到山脉的影响，它的辐合带也可能不在一条直线上，它是歪歪扭扭的。沿这条线，你把它一切两开，大陆面积会相等。沿这条带，为什么地震比较多，是多地震带？我们知道，大气的能量集中地是赤道辐合带。它像一部热机，它像一个冲程的一个主动的部分。

王鲁湘：发动机一样。

钱维宏：对，它是大气热机的主动部分。然后，我们的地震，是不是也有一个发动机。这个发动机是不是地幔有一个运动。我们的地球内部，除了局地有震动以外，是不是还有行星尺度的这种辐合。这个辐合的地方在哪？这个辐合所到之处，那是否可以解释，在这个辐合带上多有地震发生。这条带上的能量可能是最大的。它的能量怎么释放，我们还不大清楚。

王鲁湘：那么这一次的智利的里氏8.8级地震，科学家已经探测出来地轴已经发生了一定的偏移，而且影响到了地球自转的速度。那么这个智利的地震，从长期来看，对我们大气气候会发生影响吗？

钱维宏：就谈这个点，我想不会有大的影响。我举个比方，是说在智利的西海岸，有一门炮。这门炮，它要打出去，就是发生地震了。这个炮打出，激发的时候产生一个后坐力。这个后坐力作用于哪儿啊？它作用于这样一个山脉，南美洲大陆。这相当于往这个方向打了一锤子。这一锤子打下去以后，它就使得我们的地球加快，日长变短了。但是，你又会发现另一个现象，这样一个打击产生了地震波，是向相反方向传播的。地震波又激发出了海洋的波动。海洋的波动结果会出现什么？海啸。

王鲁湘：海啸嘛就是。

钱维宏：这个海啸，它可能要过一段时间，就到了大洋的西海岸，这也是能量。那么，这样一个能量的频散过程。你可以看到，往东一打，再缓慢地往西一打，一段时间的平均，地震引发的全球整体能量没了。

王鲁湘：抵消了。

钱维宏：也就是说地球转速加快了，然后又缓慢减慢了，一段时间，没了。

王鲁湘：平复了。那么这一次，我们说说咱们中国人自己的事，就是这次在云南、贵州和广西这一片地区发生的这个特大的干旱现象，与刚才您说到的这个环带的纬圈上的这个大的厄尔尼诺现象有关系没有？

嘉宾：有关系。有了这个环球的海洋异常，接下去就会形成大气环流的环球异常，而且是南部暖干，中间冷湿，再到了北极附近又是暖干，就出现了这些条带。我国西南地区温度偏高、干旱，可是在它的东部地区，温度偏低，老下雨。

王鲁湘：老下雨呀，对呀。

钱维宏：这又是为什么？在同样一个带上，说除了这样一个行星尺度的一个作用以外，一个波以外，它还有尺度比较小的波动。比如，受到地形的影响，受到海陆分布的影响，它还有另外一个作用的波动在里面，可以局部改变那个地方的大气运动。这样的改变，就会导致局部特别的干，温度特别的高。而另外一个地方呢，温度又特别的低，湿度特别的大。这就是说，区域尺度的波又叠加在一个行星尺度的波上，会放大并在局部地方变得更加的干旱。这就是说，我们至少要考虑两个时间尺度和空间尺度。

王鲁湘：很多人都在争论气候到底是变暖了还是变冷了，甚至关于什么阴谋论都出来了，那么您认为，气候从 1998 年以后，就进入了一个特别的暖平台，那么这个平台和这个大气变暖的这个说法，是一个辅助的一个证明呢，还是和这个大的这样一个变暖说没有关系呢？

钱维宏：过去这一百多年来，温度是在升高的。升高的过程当中是有波动的，那就形成了这样一个暖平台。真正进入暖平台的中间部分，我觉得可能相对来说还比较平静一些。比如说，在快要进入暖平台的 1998 年，大家都知道发生了很多的异常，发生了 20 世纪最强的一次厄尔尼诺。这样的厄尔尼诺也会引起大气环流的异常和气候异常。什么异常？有涝有旱，跟海洋变化有关系。注意到，那时是一个暖平台的开始。还有一种是，暖平台快要结束的时候，下坡的时候，也有可能导致这种异常。所以，现在的这种全球性的极端的旱涝，也可能就反映了暖平台的一个快要下降的边缘。

解说词：来自美国国防部的神秘预测，中国南部十年大旱的消息是否准确？大旱是否还预示更大的灾难？全球变暖，在何种条件下会出现恶性后果？哥本哈根会议高度聚焦的二氧化碳会对地球产生多大影响？特别的暖平台期对中国有什么影响？

王鲁湘：好，这里有一个凤凰网的网友叫 2012。他说，钱教授，据报道 2004 年，美国五角大楼，就是美国国防部有一个秘密报告，预测中国南部地区将在 2010 年前后发生持续整整十年的特大干旱，而且中国北方将水患不断。在今年大旱的时候，这条消息就显得格外突出了。那么这个网友的问题就是，如果这条消息可信，那么为什么这一次的旱灾，我们中国的学者不能进行预测？

钱维宏：总体来说，我觉得这个预测不可信。一个地方的干旱它是跟大气环流有关，大气环流是跟海洋有关。好，现在我要问你，我们现在对厄尔尼诺预报的水平怎么样？我们现在对厄尔尼诺的预报水平，也就是不超过一年。你怎么能就在 2004 年，就能报到我国今年的旱涝呢？这是不可信的。

另外一个信息,它这个十年,2010 年前后的整整十年,未来我不知道,但是这个之前的这个几年,大家都看到了,我们国家南方有没有持续干旱啊?

王鲁湘:这么大的干旱还是没有。

钱维宏:至少是说,它前面这一半不兑现了。另外一个,我们这个中国的雨涝干旱,不是在冬季。我们所说的中国的"南涝北旱",是夏季的旱涝,不是去冬今春的旱涝。另外一个是区域要搞清,中国南方,哪个是指南方,西南是南方吗,华南就不是南方,长江是不是南方?我们中国的降水,很有它的区域特征。我们中国降水,从哪里一步步地推进,在哪儿稳定维持一下,中国的旱涝都是有流域性的。

王鲁湘:太笼统了。

钱维宏:区域太笼统了,那我可以这么说,明年后年,年年全世界有旱,有涝,你们去找,肯定找到,不是这儿旱,就是那儿涝,对吧?这个就是说,预测有很多的故事。

王鲁湘:好,下面我们进入现场提问。

提问:钱老师,你好,全球气候变暖或者变冷,究竟会给我们带来什么样的后果?如果全球平均温度上升 1 摄氏度会怎样,如果上升 5 摄氏度,又会是怎样?

钱维宏:温度上升 1 摄氏度,上升 5 摄氏度,如果我们的地球整体温度上升,那也并不可怕。在地球的历史上,这样的上升 1 摄氏度、5 摄氏度也发生过。那么我们怕什么,我们怕的就是,一度也好,五度也好,出现了区域性的那个温差。比如海洋增温变化得很厉害,极地降温得很厉害,而地球的总体温度可能没变。这个地方温度高了,那个地方温度低了,就怕这个。如果这样的温差一旦出现,就会引起我们的大气环流的异常。

提问:钱教授,您好,我听说民间有一种说法是,大旱和大涝之后,有可能会发生地震,您认为这之间有一定的联系吗?如果有,这次西南大旱,会不会是一次地震的预兆?(10 天后发生了玉树地震)

嘉宾:大旱或者大涝都是大气环流异常的结果。大气环流的背后是热力异常的结果。那么,这个热来自哪儿,它有可能来自于,比如说这个地球内部的那个辐合带。对于地震,现在有一个现象是很值得注意的。一个是说,我们的气候已经在一个暖平台的附近。我们现在的地震也是在一个活跃期,1995 年以来,进入了一个地震的活跃期。那么,这样的一个活跃期，是不是表示着地底下有能量的释放。我想，这只是一种有可能的联系，要不然你怎么说，这个时候地震就多了呢，这个时候我们的全球温度也高了呢。前人也可能跟你们讲过这个事件，还是有些联系的。不管怎么说，它们都是一个异常。但是，地震是一个点，它这个点在哪儿？它会是在薄弱的地方形成，它每次的位置也不是固定的，不见得就是这儿干了，马上就在这儿发生地震，或者那儿地震了，马上那儿就发生洪涝。地震跟旱涝的联系，可能要从一个更长的时间尺度去考虑波动之间的关系，地理位置不是一一对应的。（注：2010 年 4 月 14 日玉树发生了 7.6 级的地震，距离这次讲演的 4 月 3 日仅仅 11 天）

提问：IPCC 报告和哥本哈根会议上，大家都有提到，人类活动对全球变化的影响很大，特别是温室气体、二氧化碳什么的排放。我想问的是，人类活动，特别是二氧化碳的排放，对气候变化的影响究竟有多大呢？谢谢。

钱维宏：要评估这样一个问题，首先我们要有比较长的观测资料，也就是仪器观测资料。可是我们这个仪器观测资料太有限了，只从 1850 年到现在。我们的海洋资料，海洋覆盖很大的地球面积，也比较短。如果这些资料没有问题，那我们就可以拿来作分析。第一步，看这个序列里面，有哪些规则的变化，比如我们看到它跟太阳的 11 年周期有关，还有 20 年左右的波动。这个 20 年的波动也跟太阳有关。然后还有一个 60 多年的波动。这个 60 多年的波动，是跟固体地球、海洋、大气之间的相互作用有关。

再有，可能还有太阳活动的百年以上的时间尺度。也就说，这个时间序列里面，我们要把这些时间尺度的波动分离出来。然后，又要跟这些外源强迫，太阳活动和地球系统的变化规律联系起来。我们不但分析了时间序列里面有这样一些规律，而且知道这些规律是哪些外源强迫所致。最后留下的一部分，我们再来找其他原因。留下来的这个部分里面，可能还有火山灰的影响，主要在年际时间尺度上有影响。我们一步一步地剔除这些影响。城市的不断发展和土地利用也会使观测站的温度升高，那个气温升高可能就是人为的。然后可能再有，人类排放的二氧化碳。我们需要把能够搞清楚的那些自然的变化，先把它剔除掉，放在一边。留下的那一部分，在不同的时间尺度和影响因素下一步步地分解，这样才能把事情搞清楚。

提问：您好，钱教授，很高兴听到您的讲演。从您的谈话内容中，我们知道今年的这个气候异常是有三个条带的,不同纬度三个条带。然后,您还提到了一个海洋上的一个条带状的加热,这是很有意思的。但是我就觉得,您在描述当中比较偏重于这种海洋上的增温带,没有提到我们的极地,尤其是北极地区的变化。所以我想向您提一个问题,就是说,您能不能描述一下,您对北极气候的变化,尤其是对我们中国的影响,有没有什么观点?

钱维宏:在这样一个冬天,北极应该是辐射降温的,我们的中纬度地区应该是温度比较高的。实际上过去的几十年来,我们的中纬度地区,也就是西伯利亚到蒙古,到东北亚,温度都是比较高的,北美洲大概也是这样。那么这样一个温度的持续升高,这个本身就是不正常的,不正常是要调整的。什么时候调整,它可能就会受到某一个外强迫的作用。这次的厄尔尼诺事件不是太平洋最暖的,而是大西洋上面的那个赤道以北海温高。这样一个海洋的调整,可能比大气的调整,影响更重要。也就是说,大气的北边这种变暖,就是一种异常,它可能就要调整。这个调整缺少一个激发,海洋对它的激发以后,整个北极的环流形式就发生了变化,发生了与这20多个暖冬以来完全不同的一个分布。于是我们这么多年来的暖冬,今年很多地区已不是暖冬了。

王鲁湘:地球到底怎么了,谁惹它了?在中国西南地区的人民饱受抗旱煎熬的时候,我们在北京已经马上要到清明了,却还穿着羽绒服在这里做节目。从汶川地震到中国西南部的干旱,自然给予人类馈赠的同时,也因为自身的规律,给我们带来一些气候的灾难。从大的时空尺度来看,也许人类对气候的大周期变化与波动,还无能为力,但钱教授的研究给我们对大气气候的认识提供了一个天与地的宏伟视角,有助于我们重新认识我们居住的这个蓝色星球。好,让我们以热烈的掌声再一次感谢钱教授的演讲和今天在座的北京大学的各位同学。

B3 气候在不同时期有不同的变法

2010 年 6 月 5 日 世界环境日 CCTV 中国财经报道《气象疑云》

制片人:姜诗明;主编:赵悦;记者:李曼为,李思思

主持人:人们对气象的关注从来没有像 2010 年这样高涨过,这一年,

关于气象的新闻时常占据着各种媒体头版头条的位置。为什么会出现如此罕见的天气？为什么它们会如此密集地出现？当《后天》、《2012》这样的灾难大片虚构我们地球的未来时，我们自然也要认真想想，我们的地球究竟怎么了，我们的未来究竟会怎样？

五月"问天"：

2010 年 5 月 18 日，记者开始调查气象疑云的第一天。早上，打开手机，我们就看到了这样的短信：5 月 17 日，南方 5 省市遭遇特大暴雨袭击。

解说：这样的新闻对于人们来说早已屡见不鲜，从 2010 年新年的第一天起，气象就成了这半年来人们印象最深刻的另类记忆。

最安静的新年：

2009 年的最后一天，北京市气象台发布预报：2010 年 1 月 3 日有中雪；2010 年 1 月 2 日预报有大雪；1 月 3 日凌晨 3 点 20 分发布暴雪蓝色预警；8 点 50 分发布黄色暴雪预警。北京遭遇了 50 多年来同期最强的一场暴雪。大雪让一向喧哗的长安街变得静寂起来，似乎只有"新年"二字提醒着人们，此时本应是热闹非凡的新年。

最拥堵的地铁：

从 2009 年 11 月 1 日至 2010 年 3 月 14 日，北京共连续降雪 13 场，一次又一次的大雪给交通带来了巨大压力。人们笑称，拥挤的机场成了菜市场，湿滑的路面成了无人区。那地铁的情况呢？尽管北京地铁公司已经加开了多辆临时列车，但面对洪水般的人流，列车数量似乎怎么增加也不够用。

最着急的乘客：

欧洲之星高速列车是连通英国与欧洲大陆的重要交通工具。这个冬天受寒潮影响，这条运行了 15 年的明星列车线路多次停运，大量乘客滞留在车站，走投无路。

最远的春天：

英国大诗人雪莱说：冬天来了春天还会远吗？可是今年的春天就是挺

远的，三四月本应是春暖花开的季节，可这个春天迟迟不来，这可愁坏了众多服装厂家。往年三四月正是春装销售的旺季，今年却出现了春装刚上架就打折，而且打折也卖不动的情况。

最热的商品：

当许多国家领教地球的低温时，4 月，印度首都新德里最高气温达到 43.7 摄氏度，拉贾斯坦气温达 47 摄氏度，创 52 年最高纪录，当地气象部门预测，接下来的几个月高温天气仍将持续。人们在诅咒这个盛夏的同时，城市里的空调商们，把空调价格涨了不少，可是仍然供不应求。

最新防沙武器：

这个春天里，人们常常闻到沙土的味道。从 3 月以来，中国先后发生了 15 次沙尘天气，其中 3 月 19 日发生的强沙尘暴，影响了我国 21 个省（区、市），深圳的空气质量重度污染，香港多个地区空气污染指数创历史新高。

最火爆的生意：

沙尘暴还给不少行业吹来了人民币。沙尘暴后，光北京专门打扫尘土的小时工就估计能赚 40 万。再看看这些布满尘土的车辆，无疑又给北京大大小小的洗车行带来了不少生意。保守估计，沙尘暴后北京的洗车行至少有 500 万元的进账。

最古老的游戏：

不仅仅是中国北方，从日本到俄罗斯，从西欧到北美，整个北半球都遭遇了强烈寒流和创纪录的大雪侵袭。不过暴雪给人们带来的似乎也不全是烦恼，今年 2 月，华盛顿降下了 90 年来罕见的暴雪。雪后的广场上，人们又玩起了久违了的童年雪仗游戏。

最硬的乒乓球：

你见过能把汽车砸烂的乒乓球吗？5 月 16 日，一场罕见的冰雹突袭美国中南部城市俄克拉荷马城，像子弹一般的冰雹忽然从天而降，虽然冰雹只下了半个小时，却让当地居民印象深刻。冰雹有如乒乓球一般大，一些房屋窗户被砸烂，在外行走的路人也遭冰雹袭击而背部严重红肿，车子则是损毁严重。

最惊险的涉水行车：

进入五月，我国南方连续遭遇大范围强降雨，广州在 5 月 6～15 号的一周内，接连遭遇三次暴雨袭击，打破了 1908 年广州有气象记录以来的新纪录。暴雨使得广州中心城区 50 多处发生内涝灾害。一些主干道水深竟达 3 米，无数车辆、行人被困途中，很多小区的地下车库遭遇"没顶之灾"，成百上千的车主面临修车、保险理赔的困扰。

从年初到今天，仅仅五个月，来自世界各地的极端气象信息，让人们越来越对地球环境的突变原因充满疑问。

主持人：255 位美国科学家集体发表公开信也是一件百年不遇的事，我们从里面闻到了一股火药味儿。支持全球变暖的科学家们如此强烈的反应，恰恰表明在全球气候的问题上，存在针锋相对的见解，特别是近来北半球持续低温，让这种争论声越来越大。那么这争吵的背后到底是什么呢？

争论背后：

解说：2007 年，一部名叫《难以忽视的真相》的纪录片走进了我们的视线，引起了全人类对气候变暖的关注。（纪录片片段）

解说：这个纪录片的作者兼解说是美国前副总统戈尔。曾经辅佐克林顿总统 8 年的戈尔，在 2000 年的总统大选中败给了布什，失去政治舞台的戈尔投身环保。为了让全人类意识到全球变暖的危害，他自己出书，自己募款，自己投资拍纪录片。凭借《难以忽视的真相》，戈尔从此登上了世界的舞台。他不仅在当年拿到了奥斯卡金奖，还获得了诺贝尔和平奖。就在这一年，全世界对气候变暖的关注开始升温。

但这并不意味着所有的人都赞同全球变暖的观点，地球到底在变冷还是在变暖，这个争论其实已经存在了 40 年。俄罗斯科学院太阳地球物理研究所的科学家认为对地球影响最大的是太阳系的活动变化，而不是温室气体的排放。由于今后数十年，太阳将进入活动消极期，地球的温度也将随之下降。始终以独立的视角来观察这个世界的威廉·恩道尔也一直不同意全球变暖的观点，他正在撰写一本新书《危险的变暖神话》。

威廉·恩道尔："那些科学家们说全球正在变暖是不符合科学的，欧洲就经历了有史以来最寒冷的冬天，实际上过去十年气候在变冷或者变化不大。"

解说：2009年冬天各国元首聚首哥本哈根，把这当做解救人类的最后一个机会，携手共同行动。这期间有关气候变暖的讨论达到了高潮。但是就在哥本哈根会议即将开始的前夕，一名黑客潜入了英国东英吉利大学气候中心的电脑系统，窃取了1000封电子邮件和3000份文件，邮件中显示一些科学家为了证明气候变暖，修改了部分数据。这就是震惊世界的"气候门"事件。《华尔街日报》评论"一些气象学家利用各国政府对气候变化的关心，用一些不实数据制造气候变暖的假象，营造恐慌心理，然后从政府或其他机构获得更多的科研经费"。几天后，联合国的官员还特意出面辟谣。不管怎么说，这也算是气候冷暖两派的一次正面交手。在恩道尔看来，这不仅仅是科学层面的争论，背后还有利益的驱动。

威廉·恩道尔："开始大家的争论点是全球变暖，现在气候变冷了，他们又换了一种说法，叫全球气候变化，原来暖和的时候，他们说是人类的碳排放导致气温升高，现在冷了，他们又说近期碳排放的控制起到了作用。其实不是这样的，背后是一场利益的纷争，华尔街和伦敦的金融家们创造出了一种全球气候交易。一个是芝加哥气候交易所，一个是伦敦气候交易所，每年进行的碳排放交易数额多达数百亿美元，他们当然试图控制这场游戏。"

解说：碳交易说白了就是买卖空气，因为科学家认为工业汽车和飞机排放的二氧化碳导致了全球升温，所以要求各国减少二氧化碳排放，那些高排放的企业不得不购买碳排放的指标。别小看这桩空气的买卖，据世界银行预测2012年全球碳交易市场将达到1500亿美元，成为超过石油交易的第一大市场，这也难怪金融巨鳄们渴望听到全球变暖的消息了。

但地球到底在变冷还是变暖当然不是金融家说了算。因为今年极端天气多发，气候科学家们也在对地球的未来进一步研究探索。我们地球的未来什么样？来听听北大科学家是怎么说的。

5月27号晚上，在北京大学的一个大教室里，教师和同学们正在聆听一场与气候相关的讲座。虽然大家来自不同的专业和学科，可他们对于这件事也都表现出浓厚的兴趣。讲课的老师叫钱维宏，北京大学物理学院教授。关于美国 255 位科学家的公开信，钱维宏不仅看了，还就此在科学时报上发表了文章《从争论中求共识》。

钱维宏：你反对也好，不反对也好，大家都有一个共同的目标，我们只有一个地球，都觉得要保护地球，拯救地球。其实，也不叫拯救地球，我们的地球没有到非拯救不可的地步，但是我们的环境确实已经变得很糟糕。科学问题要做，大家总想把事情搞清楚，你可以从正反多方面看出来，大家的出发点都是好的，走低碳发展道路，改善地球环境。为什么我们就不能把他们组织起来，把不同观点的人组织起来，探讨探讨。

解说：钱维宏希望在积极减排的同时，也组织一批科学家潜心研究，把当前的气候科学难题搞清楚。

钱维宏：气候肯定是变的，不是变暖，就是变冷，无非是变化速度快慢而已。

记者：你支持哪方面的观点？

钱维宏：我支持气候永远在变的观点，不同时期有不同的变法，这就是我的观点。所以你可能看到，我既不赞成变暖的观点，也不赞成变冷的观点，更不赞成不变的观点。

解说：钱维宏给我们看的是一张过去 150 年的温度变化曲线图。从这张图里可以看到，地球的气温冷暖变化交替，不断出现冷低谷和暖平台，像 1910 年前后出现了冷低谷，随后气温上升，1970 年前后又变冷了，随后又开始升温。从曲线中可以看出，150 年来地球温度一直在升高。钱维宏告诉我们，这只能说明过去的 150 年地球在变暖，但是并不代表未来地球温度还继续这样的趋势。

钱维宏：就是说，你不能用眼前的趋势去预测未来的趋势，这种趋势是要变的。做天气预报的人最清楚，不可能永远晴天，也不可能永远下雨。技艺在于要能把转折天气预报出来。所以，我们用一个趋势，天天预报晴天，天天预报下雨，那是最危险的。天气和气候不是一成不变的，这个道理很简单。

解说：当前世界科学家对 21 世纪的温度预测有三种结果，联合国政府间气候变化专门委员会预测，到 21 世纪末，地球温度上升 1.8～4 摄氏度；俄罗斯天文学家则预测从 2012～2060 年全球将出现持续 60 年的降温；而钱维宏所在的北京大学季风环境组则预测 1998～2035 年前后全球降温到 0.2 摄氏度, 而后又开始升温到 2068 年前后达到 0.6 摄氏度[1]。按照钱维宏的个人观点, 现在仅仅做变暖的准备还不够, 更要做当前气候变冷的准备。而且对于地球的气候变化, 人类还需要更多的认知。

钱维宏: 美国有那么多的龙卷风, 你能去控制和改变吗? 你龙卷风都改变不了, 你还能去控制和改变台风吗? 你台风都改变不了, 你还能去控制和改变厄尔尼诺那个海洋变暖吗? 你海洋变暖都改变不了, 你还要去控制和改变气候, 或者宇宙吗? 随着海洋温度的大起大落, 区域性的各类极端天气气候引发的灾害事件都会频繁发生。

记者: 不能控制和改变, 那我们做什么呢?

钱维宏: 做我们能做的事情, 不能改变和控制, 我们预报它们, 我们应对它们, 我们防范它们, 只能这样做。对于自然, 我们只能认识, 认识了之后做准备, 做防范。我们不做做不了的事情。我们可以认识自然的分布规律和变化特征。对不利的方面, 我们可以做些防范。

主持人: 在难以预言气候变化的冷暖, 难以看懂这片气象疑云的时候, 我们能做点什么呢? 记者在进一步的追踪中发现, 极端气候的应急管理、国民防灾避险这些新问题已经成为热点。

---

[1] 不考虑全球平均气温的年变化

附录 C
从拉普拉斯的文字到公式

拉普拉斯（1749～1827）是一位法国机械决定论者，他把牛顿的有限质点运动确定论扩展到了无穷质点的确定论系统。他说："我们必须把目前的宇宙整体看做它以前的状态的结果以及以后发展的原因，如果有一种智慧能了解在一定时刻支配着自然界的所有的力，了解组成它的各种实体的位置，如果它还伟大到足以分析所有这些事物，它能用一个单独的公式概括出宇宙万物的运动，从最大的天体到最小的原子，都毫无例外，而且对未来就像对于过去那样，都能一目了然。"

拉普拉斯希望找到一个独立的公式，把宇宙万物的运动描述清楚。他提到的公式中包含支配这个系统的所有作用关系和力及物质的分布状态等。这样，宇宙的前因后果都能确定下来，也就能预测了。

我们可以试着把拉普拉斯的文字转换成公式。宇宙由无穷的银河系和太阳系组成。每个银河系称为一个子系统。系统总是由物质组成的，我们假定有 R 个变量就可以描述这个系统或子系统了。

$$S = (d_1, d_2, \cdots, d_R)^T$$

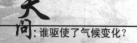

式中，$d_1, d_2, \cdots, d_R$ 等是 R 个变量，它们都是随时间变化的。R 个变量构成了系统的状态 $S(t)$。

所谓系统动力学的描述不能缺少三个方面：一是这个系统受外界的强迫；二是系统内部存在某种制约机制或作用关系；三是要能方便地描述系统的变化。一个理想的系统动力学预测模型为

$$\frac{\partial S}{\partial t} + (N + L + D)S = F$$

这就是拉普拉斯要的公式。这里 S 是状态变量的全体，也是拉普拉斯考虑的每个原子的位置；F 是外界对系统的强迫源，可以是时间的函数，也是拉普拉斯考虑的力；N 为控制系统内部状态变化的复杂性，L 为简单的作用关系，D 为耗散作用；$(N + L + D)$ 就是这个系统的内部动力学或作用关系。

如果上式中不考虑 $(N + L + D)$ 的作用，即不考虑这一无穷质点系统的内部动力学，这时有

$$\frac{\partial S}{\partial t} = F$$

问题变得非常的简单，如 $S = (u, v, w)^T$ 只是一个质点的速度，则上式为

$$\frac{\mathrm{d} \boldsymbol{V}}{\mathrm{d} t} = \sum \boldsymbol{F}$$

这就是质点运动的牛顿第二定律。这个定律是说，一个质点的加速度等于这个质点所受的合力。

如果系统中的质点超过两个，这就构成了天文上的三体或多体问题，此时就不能忽略系统内部动力学 $(N + L + D)$ 的作用。现实也是如此，大气和海洋，或地球气候系统是一个由无穷多个质点组成的系统。

如果我们对某一系统有了完全的认识，掌握了这个系统的内部动力学 $(N + L + D)$，外界对系统的作用又有了确定和全面的描述，对初值 S_0 可以精确地测量到每个分子的程度，我们又有了容量无穷大和小数有效位无穷的计算机，那么理论上我们可以精确地得到任一时刻 S 在多维空间中的位置，其中也知道了每个分子的位置。

在一个时间段内，系统中有不同的层次。假定数学模型 $\frac{\partial S}{\partial t} + (N + L + D)S = F$ 可以描述多个层次。在数学上，我们可以把系统的状态 S 分成一个时间段上的平均部分 $\overline{S}$ 和这个时间段上的扰动部分 S'，

$$S = \overline{S} + S'$$

这里有 $\overline{S} \gg S'$，即前者远大于后者。又假定在这个时间段上 $\overline{S}$ 的变化由系统的控制变量（外强迫）和系统内部的线性和耗散两种作用关系所决定，即

$$\frac{\partial \overline{S}}{\partial t} = F - (L + D)\overline{S}$$

则系统的扰动部分为

$$\frac{\partial S'}{\partial t} = -N(\overline{S} + S') - (L + D)S'$$

可见，扰动部分依赖于系统内部的复杂性，和线性与耗散的作用。扰动部分与系统的非均匀性及内部动力学密切相关。这样的确定是人为的，但有两点是有意义的。一是，这里把一个可能完全混沌的问题变成了至少两个层次的问题，其中一个层次上的问题可以用线性数学来描述，并可得到问题的解。二是，有一个数学上的气候定义，气候是在一定时空尺度下状态（也称吸引子）随时间的连续变化，仅依赖于系统的控制变量（外强迫），是线性过程。反过来说，气候异常是在这个线性过程上叠加了气候系统内部的复杂性。

只要外强迫的控制变量知道，线性部分就可以确定下来。对任何复杂系统的状态，$S(t)$ 都可以写成确定性 D_e 和随机性 R_a 并存的方程

$$\frac{\partial S}{\partial t} = D_e + R_a$$

其中，$D_e = F - (L + D)\overline{S}$，$R_a = -N(\overline{S} + S') - (L + D)S'$。从上述方程的分解，我们注意到：确定论的动力系统本质上是不确定的。但在这个不确定性中，又蕴藏有确定的成分。这一确定的成分在很多情况下是可以预报的。另一部分中，存在对不确定部分的统计可预报性。这里把确定性和随机性两者联系起来了。

这种确定性和随机性的分解分析方法有应用的价值。以全球温度的变化为例，每日的温度可以分解成三个部分。它们是太阳辐射随季节变化的部分、海陆等地形分布影响的季节变化部分和剩下的偏差部分。前两个部分不需要预报，是气候。要预报的是偏差部分。这个偏差部分也就是随机性 R_a 部分。即使在这个部分中也还可以找到其中的统计规律。这一部分预报的成功就需要技巧。第六章中的"蝴蝶图"就是大气中的偏差部分。

我们注意到，北半球温度和降水的季节变化总是落后于太阳直射北回

归线的时间一个多月。太阳辐射量的那些几十年的长周期变化和海温变化也都超前全球平均气温的变化。其原因就是在这个平均的线性方程 $\frac{\partial \overline{S}}{\partial t} = F - (L+D)\overline{S}$ 中不是外强迫 F（太阳辐射）直接与大气变量 $\overline{S}$（气温）的对应关系，而是有一个时间滞后项 $-(L+D)\overline{S}$ 的作用。